군 사병들의 정신건강과
군 사회복지 도입의 필요성

군 사병들의 정신건강과
군 사회복지 도입의 필요성

구 승 신 著

한국학술정보㈜

책 머리에

연천군 전방부대 총기난사 사건으로 온 세간이 떠들썩하다. 이를 계기로 군대 가혹행위 및 폭행, 군대자살 문제가 대두되면서 병사들의 인권문제가 제기되고 있다.

우리나라의 병역제도는 의무병 제도로 군 하부 구성원의 거의 대부분을 의무복무자들로 충원하고 있다. 한편 우리나라 병사들은 일반적으로 자기중심적이며 자유롭고 개성적인 삶을 추구하는 20대 초반의, 비교적 높은 교육수준과 생활의 풍요를 경험한 '신세대'의 성향을 지니고 있기 때문에 상명하달식, 집단주의, 권위주의, 복종 등의 군사적 가치와 상충하는 면이 많다.

군 병사들은 군대생활에 적응하지 못하고 군 생활로 인한 각종 스트레스에 시달리고 있으며 스트레스로 인한 정신건강의 위협 심지어 자살의 위기까지 경험하고 있는 실정이다.

군 병사들이 군대에서 겪고 있는 스트레스는 부대의 물리적 환경 및 정서적 환경, 인간관계 등 군 생활 내적 환경과 가족, 이성, 친구 등 군 생활 외적 환경에서 비롯된다고 본다. 이러한 것들은 양적. 질적인 과다업무, 능력 및 경험 부족으로 인한 업무 스트레스, 역할 모호성과 역할 갈등 등으로 인한 역할 스트레스, 동료나 상임병, 후임병등과 적절한 관계를 맺지 못함으로 인한 대인관계 스트레스, 명령과 지시사항 복종으로 인한 스트레스, 개인의 욕구가 무시당하는 집단생활에의 부적응 및 조직의 방침과의 충돌로 인한 조직 스트레스 등이고, 휴일작업, 공수교육, 휴가복귀 등 적응을 요하는 군대에서의 생활사건으로 인한 스트레스, 가족문제, 친구나 애인 등 군 생활 외적 인간관계로 인한 스트레스 등이 있다.

군 병사의 인구사회학적인 특성으로 보면 계급이 낮을수록, 건강과 가정형편이 좋지 않을수록, 진로가 절망적일수록 군 생활 스트레스는 높아지는 것으로 나타난다. 한편 군 생활 스트레스와 부적응으로 인해 불안 증세가 심해져 잠을 잘 이루지 못하고 악몽을 꾸는 것에서부터 복무염증 및 부적응 등의 사고유발 요인에 이르기까지 다양한 증상들을 야기한다. 훈련 중 이탈행위, 훈련이나 검열 직전 군탈 및 자살 사고 등은 스트레스로 인한 불안이 유발하는 전형적인 사고유형이다. 또 많은 스트레스 지각은 병사들에게 절망감을 안겨주게 되고 우울감을 조성하기도 하며 자신이 가치가 없다고 느끼는 자기비하 및 무기력감에 휩싸이게 한다.

이러한 현황으로 미루어 볼 때 더 이상 군 사회복지를 미룰때가 아니라고 본다. 군 사회복지는 군 문제의 해결, 예방, 군인의 사회적 기능수행의 활성화, 생활의 질적 향상 등에 직접적으로 관심을 갖는 국가의 사회복지 서비스나 정책을 포함한다. 즉 군사회복지는 군인에 대한 서비스뿐만 아니라 법이나 사회제도, 문화 등의 적극적인 보완과 변화에 대한 노력까지 포괄하는 것이다.

우리나라에서 시행되고 있는 군 복지는 군인 연금 등의

국가가 공여하는 사회보험제도가 주를 이루고 있으며 재해보상, 귀향여비 등의 현금급여와 연, 월차 휴가, 등의 각종 휴가과 병가, 직업 훈련 따위의 비물질적 급여 등을 제공하는 것이었다.

하지만 바람직한 군 사회복지란 첫째, 목적 면에서 전 국민의 안전과 관련된 국방을 위한 군 전투력의 향상과 유지를 위하여 군인의 생활보장이라는 복지권의 기본 이념에 입각하여 군인의 삶의 질을 유지시키고자 하는 것이며, 둘째, 주체 면에서 국가가 주가 되며, 셋째, 대상 면에서 직업군인뿐만 아니라 그 가족, 그리고 일반장병을 포함한 군조직 구성원 전체가 되며, 넷째, 수단면에서 제도적, 정책적, 기술적 서비스 등 조직적인 제반 활동이 되며, 다섯째, 범위면에서 사회복지의 한 분야가 되고 있음을 알 수 있다. (조홍식, 2005.6))

군인에 대한 지원이 단순히 군인 개인과 가족의 혜택에 그치는 것이 아니라 사회, 나아가 국가적으로 안보라는 중요한 의미를 내포하며 군 사회복지로 인한 국의 사기증대는 국방력 강화라는 결과를 가져오게 된다. 또한 군 사회복지 정책은 군 인적 자원의 개발과 활용을 통한 국가 경쟁력 강화에도 도움이 된다. 군대 내의 정신적 문제 및 복지 서비스를 지원함으로써 인권향상에 기여하게 된다. (조홍식, 2005)

보다 체계적이고 효율적인 군 사회복지정책의 제도화와 안정화를 위해서는 통일적이고 포괄적인 법적 근거를 마련해야 한다. 또 군의 복지인프라 확충도 중요하다. 이와 함께 군 사회복지 활동의 기본 재원인 군인복지기금을 확대해야 할 것이다. 마지막으로 군 사회복지 정책수립을 위한 기초 조사연구가 시급히 시행되어야 할 것이다.

2005. 6
저 자

목 차

표 목 차

그림 목차

I. 서 론

A. 문제제기

우리나라의 병역제도는 의무병 제도로 군 하부 구성원의 거의 대부분을 의무복무자들로 충원하고 있다. 자발적이 아니라 의무적으로 공공복무에 동원되는 경우는 동원되는 자들의 능력과 잠재력을 조직목표 달성에 유용하게 활용하는 것을 어렵게 한다.

병사들은 군 복무를 '신성한' 국방 의무에 대한 존중과 개인적 부담이 상충하는 문제로 인식한다. 군 복무는 의무성(강제성), 한시성(복귀성), 단절성(재영성(在營性))이라는 특성이 있다. (이철위, 1991) 군 복무로 인한 개인적 고충과 부담은 국방의 의무에 대한 존중감을 희석하고 군 조직의 목표달성에 상당한 장애로 작용한다. 또한 변화된 사회 환경 속에서 성장한 병사들은 과거와는 다른 성향을 갖고 있다. 비교적 높은 교육수준과 생활의 풍요를 경험한 '신세대'의 성향은 군사적 가치와 상충하는 면이 많다. 일반적으로 자기중심적이며 자유롭고 개성적인 삶을 추구하는 20대 초반의 젊은이들을 이른바 신세대라 지칭하고 있는데 이기적이고 편안한 것만을 추구하며 체력이 약하고 인내심이 없다는 부정적인 측면과 합리적이고 전문성과 실질을 추구하며 새로운 사회변혁의 주체라고 보는 긍정적인 측면이 존재한다.

이들 신세대 병사들은 통제된 계급사회인 군 조직에서 상하 계급 간의 갈등, 업무에 따른 갈등, 단체생활과 억압된 자유에서 오는 갈등 등의 여러 형태의 갈등을 겪고 있으며 이에 따른 불평불만으로 인해 군 조직 내의 사기저하를 가져오고 급기야는 정신전력의 하락이라는 치명적인 결과를 가져올 수 있다.

따라서 최근 군의 전면에 등장하고 있는 신세대에 대한 특성을 정확하게 이해하고 올바르게 평가하는 것은 군 조직의 목표달성에 있어 매우 중요한 요인이 된다고 볼 수 있다.

군은 80년대까지는 '안보우선의 정책' 아래에서 장비의 현대화, 물자수급의 원활화 등 유형전력의 증강에 집중하였기 때문에 병사들의 군 생활 적응에 대한 노력은 상대적으로 미약하였다고 할 수 있다. 그러나 90년대에 이르러 국민의 생활수준이 향상되면서 '생활', '여가', '자아실현'이 국민들에게 중요한 요소로 인식되기 시작하였다. (임희섭, 1997, p.5) 이에 따라 군도 병사들이 보다 나은 환경에서 군 생활을 영위할 수 있도록 하기 위해 삶의 질 향상을 위한 복지제도와 정책을 개선·발전시켜 오고 있다. 예를 들면 군은 병사들의 삶의 질 향상을 위하여 내무 시설의 현대화, 새로운 복지제도의 도입, 병사들의 여가시간 보장 및 여가활동 여건 조성 등 많은 부분을 개선해오고 있다. 그러나 이러한 병사들의 삶의 질 향상을 위한 군의 노력에도 불구하고 군 생활에 적응하지 못하고 군부대를 이탈하는 탈영병의 수가 매년 증가하는 경향을 보이고 있고(1999 국정감사 자료), 군 복무 중 자살사고가 다시 증가추세에 있으며(김경범, 2000) 전체장병의 89%가 급식에 불만을 가지고 있기도 하다. (조선일보, 1999. 10. 5) 이는 병사들에 대한 객관적인 복지지표들이 향상되었음에도 불구하고, 병사들이 풍요해진 경제여건으로 인하여 개인적인 욕구가 다양화, 고급화되는 등 주관적인 욕구충족의 수준과 질이 높아지고 있는 가운데, 일반사회에 비하여 상대적으로 낙후된 시설, 여가활동 시간 부족, 반복되는 병영 생활 등으로 병사들이 쉽게 무료함과 권태감을 느끼게 되는 데서(김종옥, 1999) 그 이유를 찾을 수 있을 것이다.

지금까지 국내·외에서 수행된 군과 관련된 선행연구를 살펴보면 국외연구로는 군인가족들의 적응 증진에 관한 연구, 군인들의 약물에 관한 연구, 군인가정의 가정폭력에 관한 연구 등 군인가족의 아동보호 및 양육에 관한 연구 등이 있다. (Bowen, Gary L 2003, Van Breda, 2002, Yates, Rowdy, 2002 Gomberg, Leslie Ellen, 2002, DeVoe, Ellen R 2002) 외국은 제도적으로 우리 군과는 여러 가지 면에서 차이를 보이고 있는 바[1](박현철, 2001) 그들의 연구를 우리 군에 직접적으로 적용하기에는 많은 문제가 있다. 국내연구로는 직업군인, 병사의 스트레스 정도와 유발요인에 관한 연구, 자살 등 정신건강에 대한 연구, 사기에 영향을 미치는 요인에 관한 연

---

1) 미군은 지원병제도를 택하고 있어 하나의 직업으로 정착되어 있고, 사병의 경우에도 장교, 하사관과 같은 월 급여와 각종 복지혜택을 받고 있다. 또한 제대 시에도 몽고메리 학비지원 프로그램, 교육지원 프로그램, 취업알선, 제대 전 취업교육, 대부 알선 등 다양한 제도의 혜택을 지원 받을 수 있다.

구, 직무만족과 리더십, 의사소통에 관한 연구, 부대에서의 갈등과 적응에 관한 연구들이 수행되어 왔다. (서병민, 1997; 김주영, 1999; 진석범, 2000; 신언필, 1999; 김헌수, 1998) 또한 최근에는 신세대 병사의 특성을 고려한 연구들도 진행되고 있다. (최문구, 1999; 최건용, 1999; 심덕규, 1998; 정민화, 1998) 따라서 이러한 문제는 군 조직체 내의 기성세대들이 시대적·사회적 상황변화에 종속되어 있는 신세대 현역 병사들의 복무적응 요인에 대한 인식부족과 고정관념 등에서 기인하는 경우가 허다하다. 따라서 이들에 대한 처방은 단편적인 시각에서 군 시설물의 현대화나 편의시설 개선 또는 정신교육이나 문제 병사관리만으로 해결할 수 있다는 처방은 분명한 한계가 있으리라 생각한다. 또한 신세대 병사들은 그들이 몸담아 왔던 생활환경에서 벗어나 아무런 준비나 목적도 없이 순순히 법에 의한 의무감으로 군 조직체에 소속하게 되는 경우도 허다하다. 따라서 이러한 병사들은 한동안 군 생활과 사회생활과의 가치관 차이에서 오는 혼란과 현실감의 괴리현상 등으로 불안감이 표출되고 이로 인하여 각종 복무 부적응 현상이 표출되어 자살, 탈영 등으로 연계되어 지는 경우가 흔히 있는 실정이다.

군 생활에서의 스트레스는 군 생활 적응을 감소시키며, 반면 군 생활 적응을 위해 사회적 지지의 효과가 검증되고 있다. 사회적 지지 외에 다양한 개인적, 환경적 보호요인이 스트레스와 정서적, 행동적 부적응의 가능성을 감소시키는 조절변인으로 포함되고 있다. 환경적 보호요인 즉 정서적 환경에 대한 만족도는 군 생활 내에서의 스트레스를 감소

시키며 군 생활 적응을 촉진시킨다는 선행연구가 있다. (이종호, 1996)

군 조직은 집단생활을 수행하고 있으며 업무수행 중 응집성, 단결력, 협동 등의 정서적 환경의 요소가 중요하게 작용하기 때문에 군 조직의 구성원은 정서적 환경 지각에 의해서 강한 영향을 받는다고 할 수 있다. 이러한 군 내부의 정서적 환경은 군 조직의 분위기와도 연관지어서 생각해볼 수 있을 것이다. 이종호(1996)는 군 조직의 정서적 환경 즉 분위기가 군대 적응과 상관관계가 있다고 하였다. 박현철(2001)은 병사들의 삶의 질과 스트레스 원 사이에서 사회적 지지의 조절 역할을 실증하였다. 여기서 삶의 질은 적응과 사회적 지지는 정서적 환경과 맥을 같이 한다고 할 수 있다.

이를 위해 본 연구는 신세대 병사의 군 생활 스트레스 및 신세대 가치관, 정서적 환경지각, 군 생활 적응에 차이를 주는 병사의 인구사회학적인 변인을 살펴볼 것이다. 또한 정서적 환경지각의 효과에 의하여 신세대 병사의 군 생활 적응이 어떻게 달라지는지에 대한 가설 검증을 통하여 정서적 환경지각의 중요성 및 필요성을 입증하고자 한다. 군 생활 스트레스와 정서적 환경지각은 군 생활 적응에 대해 상호작용 역할을 할 것이라는 가설을 설정하였다. 즉 군 생활 스트레스가 높아 적응에 어려움을 가지고 와도 응집적, 신뢰적, 인정적, 지원적으로 군 생활환경을 지각할수록 군 생활 적응에 도움이 될 수 있다는 것이다. 다른 한편 정서적 환경지각과 신세대 가치관은 군 생활 적응에 대해 상호작용 역할을 하는 것으로도 볼 수 있다. 즉 신세대의 개인주의, 평등주의, 물질주의 등의 가치관이 군 생활 적응에 부정적 영향을 미친다는 연구가 있다. (최건용, 1999; 신언필, 1999; 최문구, 1999) 하지만 군 생활 적응에 미치는 부정적 영향이 정서적 환경지각의 효과에 따라 조절될 수 있다는 것이다.

이상의 관점에서 입각하여, 신세대 병사들의 스트레스, 정서적 환경지각, 그리고 신세대 가치관이 군 생활 적응과 관련이 있다고 볼 수 있다. 하지만 신세대 병사의 스트레스 및 신세대 가치관과 군 생활 적응과의 관계연구에서 군 생활의 정서적 환경에 대한 지각이 상호작용 역할을 하는지에 대한 연구는 아직 구체적으로 다루어지지는 않았다. 이러한 상황과 관련하여, 신세대 병사들의 가치관 및 군 생활 스트레스, 정서적 환경지각이 군 생활 적응에 영향을 미친다는 것과 그 과정에서 군 생활의 정서적 환경지각이 상호작용 효과로서 그 과정을 설명하는 것은 병사 개개인의 의식과 군 생활의 분위기를 조성하는 병사 전체의 행동이 군 생활 적응에 미치는 과정 연구로 중요한 의의가 있다고 생각이 된다. 나아가 연구의 결과는 군대 사회복지의 일환으로 군 사회사업가가 군 생활 적응에 어려움이 있는 병사들을 돕는 데에도 도움이 되리라고 본다.

B. 연구의 목적

본 연구는 신세대 병사들의 군 생활 스트레스, 신세대 가치관, 정서적 환경지각의 군 생활 적응에 미치는 주효과와 군 생활 적응에 대해 군 생활 스트레스 및 신세대 가치관과 정서적 환경지각의 상호작용 효과를 검증하는데 목적이 있다.

이러한 연구목적을 달성하기 위한 구체적인 연구 질문들을 정리하면, 다음과 같다.

【연구 질문 1】 신세대 병사의 군 생활 스트레스, 신세대 가치관(개인주의/평등주의), 정서적 환경지각은 어느 정도이며, 군 생활 적응에 영향을 미치는가?

【연구 질문 2】 신세대 병사의 군 생활 적응에 대해 군 생활 스트레스 및 신세대 가치관(개인주의/평등주의)과 정서적 환경지각은 군 생활 적응에 상호작용 효과를 나타내는가?

C. 연구의 의의

본 연구의 의의는 다음과 같이 축약할 수 있다.

첫째, 우리나라 신세대 병사들의 군 생활 적응에 대한 기초 자료가 부족한 상태로, 신세대 병사들의 스트레스와 가치관, 군 생활 적응에 관한 자료를 확보하고자 한다. 이를 통하여 신세대 병사들을 대상으로 하는 실천적 근거 마련과 함께 임상적·정책적 함의를 제공할 수 있다.

둘째, 본 연구는 병사들의 군 생활 적응을 돕는데 있어 부대전체의 정서적 환경에 대한 개입의 중요성과 그 당위성을 밝히는데 기여할 수 있다. 이것은 군부대에 국한된 연구 결과에 제한되지 않고 다양한 집단에 대한 효과적인 개입의 방향성을 시사하는 연구 결과가 될 것이다.

마지막으로 본 연구는 신세대 사병들의 삶의 질 향상 관련연구와도 그 맥락을 같이 할 수 있으며 사병들의 전체적 안녕과 복지향상의 예방적인 측면을 강조함에 따른 군대 사회복지의 정책적 이론근거 마련 및 구체적 자료로서의 가치를 지닌다는 점에서 의의가 있다.

Ⅱ. 이론적 배경

A. 주요 개념

1. 신세대의 개념 및 특성

신세대는 대략 '70년대 후반을 전후하여 태어나 학생시절 교복과 두발의 자유를 누린, 70년대 말부터 80년대 중반까지의 성장기를 거쳐 80년대 후반에 사회에 진출하기 시작한 사람들로 '90년 민주화이후 대학교육을 받은 세대가 대부분이고 한번쯤은 굶주림을 기억하고 있는 기성세대와는 달리 상대적으로 물질적 풍요를 구가한 세대이기도 하다. (김헌수, 1999)

이들은 풍요한 사회적 요건 속에서 출세지향적 삶보다는 개인적인 삶을 가꿀 수 있는 질적으로 향상된 삶에 더 큰 관심을 가지며, 고정적, 획일적 관점보다는 개별성과 다양성을 가진 세대이다. 또 타인과의 차별화와 자기만의 개성을 추구하는 세대이고 평등주의를 선호하여 정치적 현안에서부터 경제·사회·교육·결혼·종교 등 전반적으로 자유분방한 사고방식과 행동방식을 가지고 있다.

이러한 신세대들의 성향은 개방·솔직·개인주의·현실적·적극적·도전·개성 등의 수식어로 표현되며 기성세대

가 체험해 왔던 젊은 시절의 취향과는 완전히 판이한 '새로운 세대'의 등장을 인지하게 하였다. (제3군 사령부, 「신세대 지휘통솔」, 재인용)

또 신세대들의 성향으로 기성세대에 비해 인내심이 없고, 자기주장이 관철되지 않으면 곧바로 방향 전환을 하며 포기하기도 하고, 극복하기보다는 충돌하는 경향이 강하다. 또한 과보호와 입시준비를 위한 지식 교육의 결과로 경제·사회적 갈등, 가치관 혼동, 물질주의에 탐닉, 좋다 싫다를 분명히 표현, 명랑하나 깊이가 없음 등이 제시되고 있다. (박덕규, 1992)

사실상 신세대는 어느 시대나 존재하여 왔으나 오늘날 특별히 신세대가 논의되는 것은 이들이 현저하게 의식이나 생활 감각에 있어 차이점을 갖기 때문이다. 우리나라 신세대의 일반적 특성으로는 자기중심주의, 현세주의, 가치관 상실, 권위 부정, 여가 중시, 인내성 부족, 도전적 성향, 결과 중시 등을 열거하고 있다. (이중한, 1994) 최근 우리 주변에서 자리 잡고 있는 '신세대'는 한국인의 권위주의에 도전하는 독특한 성향을 가지고 있으며, 자유로운 의사표현, 합리성 추구, 강한 자부심 견지 및 왕성한 성취욕구 등의 긍정적인 면과 비인간화교육 풍토하에서 성장한 결과로서 이기주의, 개인주의, 물질 만능주의의 추구 성향과 즉흥적 감각적이며 체력, 인내력, 정신력이 연약한 것 등의 부정적인 면이 공통적으로 지적되고 있다. (이번성, 1995)

신세대들은 '자기중심적인 가치 성향', '자기중심적 개인주의', '극단적 합리주의', '소비적 물질주의', '쾌락적 감성주의',

'인내심, 절제력 부족' 등의 부정적인 면과 내 문제는 내가 해결하려는 독립성, 타인에 대해 편견을 가지지 않으려는 편안함과 개방성, 보수성 탈피의 긍정적인 면이 혼재한다.

신세대들의 의식성향을 정리해보면 <표 Ⅱ-1>과 같다.

2. 군 조직의 특성

군 조직이란 특수한 목적을 위해 특수한 임무를 특수한 상황하에서 특수한 방법으로 수행해 나가는 조직이고 전통적인 집단이며, 계급과 직책 및 권위를 바탕으로 하는 위계적 전투 집단이라고 정의될 수 있다. 군 조직의 특성을 살펴보면 다음과 같다

일반적인 면에서 군 조직은 대규모 조직이며, 군의 목적인 국가 안보를 달성하기 위하여 다른 조직에 비해 매우 강제적이고 조직 구성원의 이익을 추구하는 영리 단체와는 달리 국가보위라는 규범적 가치 추구를 하는 규범적인 조직이다. 집단적인 면에서는 명령에 따라서 움직이고 계급별로 주어진 임무에 따라서 행동하는 단체로 군 조직의 지속적인 규범 습득 훈련과정, 공동체 유대 속에서 강한 연대의식 형성을 갖는 집단성이 매우 강한 조직이다.

또한 상하 및 동료 간에 정신적 유대가 형성되어야 하고 국가의 이념과 주의에 절대 신봉해야 하며, 효율적인 목적 달성을 위해서 지휘 계통을 엄격히 확립, 명령체계 준수를 강조하는 매우 권위적인 구조를 지닌 위계 조직이다.

<표 Ⅱ-1> 신세대들의 의식성향

긍정적 측면	부정적 측면
▷감정의 솔직한 표현 ·핵가족 생활, 부모의 풍부한 사랑 ·풍부한 감수성 ·사랑받으려 하고 주려고 함 ▷종합적 판단력은 부족하나 도전적 ·자신의 결정에 대한 강한 집착 (효과적 지도 시 무한한 잠재력 발휘) ▷수용적 자세 ·반대를 위한 반대 지양 ·합리성, 공평성, 일관성 추구 ▷재치, 개성, 창의성, 유머 풍부 ·기발한 착상·개성창조 ▷계산의 정확성 ·이해관계 철저·실리적, 구체적 ▷탈권위주의 ·개성 존중·자기주장이 뚜렷 ▷여유와 자신감 ·풍요로운 생활환경 ·즐기는 인생추구 ·다양한 경험(직, 간접)	▷자기중심적 사고 ·부모의 과보호(의존적) ·집단생활 부적응 ·존경심 결여 ▷나약한 정신력 ·즉흥적 태도 ·편안함, 안락 추구 ·종합적 판단력 부족 ▷가치관의 혼란 ·전통적 가치 무시 (새로운 것 중시) ·무분별한 모방 ▷무절제한 생활 ·풍요로운 생활환경 ·물질 만능주의 ·감각추구 ▷무기력, 무관심, 무책임 ·이타심 결여 ·즐기는 인생(삶의 목표 부재)

뿐만 아니라 다양한 계층의 사람들로 구성되고 유사시에
는 전 국민이 참여해야 하는 조직이다. (이철상, "육군문화"
(육군본부 1999) p.23~29)

군 조직의 위와 같은 특성 속에서 정립되어진 군대 문화는
군 생활을 하고 있는 병사의 군 생활 적응도에 가장 많은 영

향을 주고 있다. 그러므로 오늘날 신세대 병사들의 군 생활 적응도를 알아보기 위해서는 현재 정립되어 있는 군대 문화를 올바르게 이해하고 앞으로 나아가야 할 군대 문화 정립의 방향을 제시해야 할 것이다. (엄상용, 1993) 군대 문화란 병사 들이 공유하는 가치관, 사고방식, 태도 및 신념 등의 총체로서 군대에서 이루어지고 있는 제반 생활양식을 의미한다. 현재 군대 문화의 획일성, 폐쇄성과 신세대 병사들의 민주적, 개방적 문화와의 상충으로 군은 내부적으로 갈등을 겪고 있다. 내재된 갈등 구조는 군 조직을 이완시키고 군 기강을 문란케 하여 전투력 약화는 물론, 사고 유발요인으로 작용하고 있다. 따라서 이러한 갈등 요소를 해소하여 다양한 특성을 지닌 구성원들이 일체감을 조성할 수 있도록 군대 문화의 새로운 정립이 요구되고 있는 실정이다.

군 조직은 아직까지도 부정적 요인이 남아 있음을 볼 수 있는데 비민주적 요소, 권위주의적 요소, 획일주의와 형식주의가 그 부정적 요인이다. 사고방식의 변화와 개선 등으로 군대 생활 속에서 비민주적 요소들이 많이 사라졌으나 아직까지 고압적인 폭언과 얼차려 등의 구시대적 관행이 잔존하고 있음도 부인할 수 없다. 이러한 비민주적 관행은 직접적으로 병사들의 스트레스를 가중시키는 한편, 각종 군기문란 사고의 원인이 되기도 한다. 또 군의상의 하달식 부대관리, 계급에 의한 경직된 수직관계에서 권위주의가 형성되어 군 조직의 역기능적 저해요인으로 작용하고 있다. 군의 권위주의적 요소로 말미암아 병사들은 창의적이고 소신 있는 업무 처리보다는 일방적으로 상급자의 지시에 의존하는 업무추진 방식을 따르게 되며, 상급자의 지시에 따른 임기응변식의 업무 수행은 능동적인 복무의식의 상실과 우발적인 충동사고의 동기를 제공하고 있다.

 획일주의는 개인의 심리, 사고, 행동양식을 일정한 틀에 넣어 인위적으로 규격화하고 동질화하는 것을 의미하며, 군조직의 획일주의 또한 지나친 의견통일, 행동통일을 강조함으로 인해 개개인의 개성과 능력보다는 조직적인 일체감과 강한 연대의식이 강조되는 경향을 보이고 있다. (이철상, 상게서 pp.166~168) 이와 같은 군의 획일주의는 의사결정 과정에서 반대와 비관, 의견의 다양성을 기대하기 곤란케 만들며 지나치게 통일적 사고를 지향하여 무사 안일주의나 요령주의와 같은 소극적 행동방식을 추구하는 원인을 제공하기도 한다. 군의 형식주의도 업무수행의 과정이나 절차보다는 형식과 결과를 중시하는 경향이 커 실적 위주의 군대관리에 치중함으로 인해 내실을 소홀히 할 우려가 있다.

 군 조직이 가지고 있는 문제점을 살펴보면 먼저 시대적 흐름과 환경에 적합하지 않음으로 인해 군 조직 구성원 모두에게 공감대를 형성하지 못하며 조직의 활력도 가져오지 못한다는 것이다. 둘째, 군 조직은 인간중심, 인명중심적 성향이 상대적으로 미약하고, 병사들 개개인의 인격이 존중받지 못하고 개성과 창의를 발휘할 수 있는 풍토 조성이 되지 않으며 단지 통제의 대상으로 취급받는다는 것이다. 셋째. 군부대라는 조직은 억압적이고 비민주적으로 관리되어 병사들의 협동심과 결집력을 약화시키고 불신과 불만을 형성하여 정상적인 지휘통제 기능을 약화시킨다는 점이다. 이러한 점은 주인 의식을 상실시켜 병사들이 군 생활에 보람과 애착을 가지고 적극적인 참여와 책임 있는 행동을 저지한다. 또한 간부와 병사가 이질감을 가짐으로 신뢰문화 조성에 어려움을 가지고 오며 공동체 문화 조성을 어렵게 한다. 군 대부분의 지휘관은 업무 과중과 시간이 없다는 이유로 부하와의 대화 기회를 회피하거나 상보다는 벌, 설득보다는 강요에 의한 지휘로 인간적인 만남에 소홀하며 병사들에 대한 면담은 형식적이라는 것도 문제점이다.

3. 군 생활 스트레스

군 생활 스트레스는 사병들이 군 생활 중 겪는 스트레스를 의미하는 것으로 부대의 물리적 환경 및 정서적 환경, 인간관계 등 군 생활 내적 환경과 가족, 이성, 친구 등 군 생활 외적 환경에서 비롯된다고 본다. 이러한 것들은 적대감에 의한 스트레스, 직업요건, 조직구조, 지시사항 이행에의 갈등, 능력 및 경험, 욕구 및 가치관 등이고, 생활사건, 가족문제, 군 생활 외적 인간관계 등이 있다. 먼저 군에서 병사들이 겪는 감정들 중에서 '분노'와 '적대감'이 대표적인데 이러한 감정은 병영 생활의 일상에서 쉽게 접할 수 있는 감정이고 그로 인해 발생하는 위기 상황이 클 수도 있다. 자신이 어떠한 종류의 일을 하며 어떤 하위 조직에 속하여 근무하느냐 하는 것은 조직 스트레스를 결정하는 가장 근본적인 갈림길이 된다. 군대라는 조직사회에 속한 개인은 자신의 계급, 보직, 근무지, 인간관계 등에 따라 스트레스의 강도와 종류가 달라진다는 것이다. 또 조직 구조면에서는 조직이 수직적인 위계질서를 덜 강조할수록 그 구성원의 직무 만족도는 높아지고 스트레스 수준도 현저하게 감소된다고 한다. (김일수, 1995: 31-32) 지시사항 이행에의 갈등을 보면 군은 원칙상으로 병사들 상호 간의 경우를 제외하고서는 명령과 지시로 운용된다고 해도 과언이 아니다. 그 만큼 명령과 지시는 군을 움직여 나가는 실질적인 힘과 원동력이 된다고 볼 수 있다. 그런데 인간은 본래 다른 사람의 간섭을 받거나 지시를 받는 것을 좋아하지 않는다. 지시는 그것이 누가 어떻게 무엇을 시키느냐에 따라 업무의 양이나 수준, 종류 등에서 차이를 보이게 된다. 그래서 지시를 하는 방법에 따라 많은 문제가 발생하게 되며 이러한 것은 부대에서 중요한 업무스트레스로 자리 잡게 된다. 능력 및 경험에서 나오는 업무역량 및 업무자신감은 학력이 높고 연령이 높을수록 더 뚜렷하게 나타나고 군 생활을 오랫동안 한 사람일수록 능숙하고 노련한 면모를 드러내지만 능력과 경험이 부족한 사람은 군 생활에서 심한 곤란을 겪게 되는 경우가 많다. 이 경우는 자신감 결여, 초조, 긴장, 스트레스, 무기력, 우울 등을 동반하게 되며 심한 경우 자학, 자살 등의 중대 부대 사고로 이어지는 경우도 많다. 욕구 및 가치관을 보면 단체 생활과 병영 생활을 주요 골격으로 하는 군대 생활에서 개인의 가치와 욕구는 다른 사람과 조직에 크게 상충되는데 바로 이와 같은 개인의 욕구의 제한과 조직의 방침과의 충돌은 주요 스트레스 요인으로 자리 잡게 되고 이러한 욕구가 해결될 때까지는 스트레스는 계속 누적되게 된다. 생활 사건은 각자의 삶에 있어서 불규칙적인 굴곡이 있게 하고 긴장을 제공하는 '특별한 일'인데 이는 해당 개인에게 새로운 적응 능력을 요구하고 약간의 정신적 충격을 가져다 줄 수 있기 때문에 대체로 스트레스 유발요인이 되는 경우가 많다. 가족의 문제는 부대원 개인의 의식과 군 생활에 엄청난 영향력을 미치게 되며, 부대원의 스트레스와 가족과의 관련성은 매우 높다. 가족원의 죽음이나 질병, 갑작스런 사고, 여러 가지 경조사 등이 군 복무를 하는 사람에게는 가장 초미의 관심사가 될 수밖에 없으며 이것은 개인의 강력한 스트레스 원으로 작용한다. 군 생활 외적 인간관계에서 발생하는 주요 부대 사고 원인은 '애인의 변심'과 '친구관계의 악화' 등 크게 두 가지로 볼 수 있다. 남자들로만 이루어진 내무실 세계에서 여자라는 성이 차지하는 심리적 의미는 대단히 특별하다. 이러한 분위기 가운데 이성에 대한 욕망과 애정을 거의 유일하게 충족시켜주는 애인의 변심이 가져다주는 충격은 군 생활에서 커다란 스트레스로 작용한다. 또 군 생활 외적인 인간관계를 형성하는 것으로 여자친구 외에 종교집단, 동아리, 소속단체, 친구 등이 있는데 이것이 뒤틀리면 그 인간관계의 좌절과 실패에서 오는 감정은 물론, 자신을 지지해주고 도와줄 사람이 더 이상 없다는 고독감과 소외감으로 이어지게 된다. 또한 이러한 것은 군 생활 외적인 일이어서 부대적으로 조치할 수 있는 사항이 별로 없다는 것도 큰 문제 중의 하나이다.

군 생활 스트레스 요인을 살펴보면 물리적 환경요인으로

는 부대의 부적절한 조명, 크고 작은 소음, 극단적으로 높고 낮은 온도 등이 있고, 사회적 환경요인으로는 분노와 적대감 등의 부정적 감정, 위계적이고 강압적인 조직, 계급, 보직, 직업 요건, 수직적인 위계질서가 강한 군부대의 조직구조(스트레스 전문가들의 견해에 의하면 조직이 수직적인 위계질서를 덜 강조할수록 그 구성원의 직무 만족도는 높아지고 스트레스 수준도 현저하게 감소된다고 한다(김일수, 1995: 31-32).), 지시복종에 대한 갈등, 능력과 경험의 부족 및 집착, 집단 가치 순응에 따른 스트레스, 훈련이나 작업, 야근 등 군 내 생활사건, 가족문제, 친구, 애인 등의 부대 외적 인간관계 등이 있다. (진석범(2000))

군 내부의 스트레스 원과 군 외부의 개인 스트레스 원으로 구분하는 경우도 있는데, 먼저 군 내부의 스트레스 원으로는 직무 요인, 역할 요인, 구성원 상호 간 관계 요인들을 들 수 있다. 직무 요인으로는 양적인 과다 업무, 질적인 과다 업무, 육체적 위험을 제시했고, 역할 요인으로는 역할 모호성, 역할 갈등, 역할 과다 등을 들었으며 구성원 관계 요인으로는 낮은 사회적 지지 체계 요인, 무관심한 상하 관계 및 동료 관계 및 관리 체계의 빈약성 등을 들었다. 군 외부의 스트레스 원으로는 본인과 관련된 가족, 친척, 친구, 애인 등으로부터 발생하는 요인이다. 이러한 요인들의 발생은 병사들이 2~3년간의 고립된 부대 생활을 하여야 하며, 외부와의 접촉의 빈도도 높지 않고 부대외적인 요인들로 인해 발생하여 병사들에게 주는 스트레스 원들을 부대 안에서 즉시 해결하는 것이 일반사회와 비교하여 상대적으로

힘들다는데 있다. (박현철(2000))

본 연구에서는 군 생활 스트레스를 직무 스트레스, 역할 스트레스, 구성원 관계 스트레스 군 외부 스트레스로 나누어 살펴보고자 한다.

4. 부대 정서적 환경

군 내부의 생활환경은 다음과 같이 나누어 볼 수 있다. (한국생산성 본부, 1993) 개인적 환경으로 가족, 거주지, 경제적·사회적 지위, 사회적 지원이며 물리적 환경으로는 조명, 소음, 온도, 음파 및 진동, 공기오염, 사무실 구조, 사회적 밀도를 들 수 있으며, 조직적 환경으로는 직업요건, 조직구조(역할명료성), 조직문화(집단 내 또는 집단 간 갈등, 지도력) 등이며 직무성격으로 과업특성, 기술, 업무량, 역할 갈등, 역할 모호성, 의사 결정 참여를 들 수 있다. 또 군 내부의 생활환경을 물리적 생활환경과 사회적 환경으로 나누어보기도 하는데 물리적 환경은 조명, 소음, 온도로, 사회적 환경은 적대감에 의한 스트레스, 작업요건, 조직구조, 지시사항 이행에의 갈등, 능력 및 경험, 욕구 및 가치관, 생활사건, 가족문제, 부대 외의 인간관계 등의 요소로 보는 것이다. (진석범(2000))

그러나 일반적으로 군 생활환경에 관련한 대부분의 연구들은 심리학 및 사회학에서 접근하는 조직 환경에 근거하고 있다. 조직에 속한 개인의 행위와 태도는 개인을 둘러싸고 있는 환경에 의해 강한 영향을 받는다. Lewin(1938)은

Behavior=f(person, environment)의 식을 제시하면서 개인의 행위가 개인의 특성과 환경에 의해 결정된다고 주장하였다. 즉 개인의 행동을 규정하는 환경을 물리적, 지리적 환경보다는 심리적 환경으로 보고, 있는 그대로의 환경보다는 개인이 지각하여 심리적 환경이 될 때 개인의 행동에 의미를 갖는다고 보았다. 즉 물리적 환경 자체는 개인에게 의미가 없으며 개인이 지각할 때 중요하다고 본 것이다. 한편 사회학적 입장에서의 조직 환경은 다른 조직과의 차별성을 가지며, 시간적으로 안정성과 지속성을 갖고 있고, 조직 내 구성원의 행동에 영향을 미치는 특성을 갖는 것으로 개념화되고 있다. (Forehand & Gilmer, 1964, 박현선, 1999, 재인용) 즉 조직이 구성원 및 환경과 상호작용 한 결과로서 나타내는 특성들을 개인이 지각한 것이 환경이라는 것이다. (Campbell et al. 1970, 박현선, 1999, 재인용)

요컨대, 군 생활환경은 물리적 환경과 심리적, 정서적 환경으로 구분할 수 있으며, 병사들의 성장이나 발달에 보다 큰 영향을 미칠 수 있는 환경은 병사들이 주관적으로 지각하는 정서적 환경으로서 시간적으로 안정성과 지속성을 갖고 구성원의 행동에 영향을 미치는 특성을 갖는 것으로 볼 수 있다. 병사들은 집단생활을 수행하고 있으며 업무수행 중 응집성, 단결력, 협동 등의 요소가 중요하게 작용하기 때문에 군 조직의 구성원은 조직적 특성에 의해서 강한 영향을 받는다고 할 수 있다.

이러한 군 내부의 정서적 환경은 군 조직의 분위기와도 연관지어서 생각해 볼 수 있을 것이다. 분위기는 조직에서 발생하는 사건에 대한 해석을 위한 기초를 제공함으로써 개인의 행동과 태도에 영향을 미친다. 즉 조직의 분위기는 구성원의 인지적, 감정적 상태에 영향을 미쳐 결과와 자기효능에 대한 기대를 유발함으로써 구성원의 행위에 영향을 미친다. (Fiele & Abelson, 1982 재인용) 분위기는 분석수준에 따라 더욱 세분화하여 정의할 수 있다. Howe(1977)은 분위기를 서술적인 성질의 지각된 분위기(Percived Climate), 객관적인 것과 관계없이 개인적으로 느끼는 심리적 분위기(Psychological Climate), 구성원들의 합의에 의해 형성되는 조직 분위기(Organized Climate)로 세분하였다.

Jones & James(1979)는 심리적 분위기를 합하여 구한 분위기에 대한 기본 가정으로 다음을 제시하였다.

첫째, 심리적 분위기 점수는 지각된 상황을 묘사한다.

둘째, 같은 상황에 접한 개인은 같은 방식으로 상황을 묘사한다.

셋째, 합하는 것은 "인지된 유사성"을 강조하고 개인차는 최소화한다.

개인수준의 분위기인 심리적 분위기를 합산하여 조직 분위기를 산출하는 것은 한 조직을 구성원은 조직에서 일상생활에서 상호작용을 통하여 멤버쉽을 형성하기 때문에 조직에서의 사건을 비슷하게 해석 이해한다는데 근거를 두고 있다. (James & Jones. 1990) 차원은 조직의 구조, 구성원의 특징, 수행업무 등에 의해 영향을 받는다. 그러므로 조직마다 분위기의 차원이 상이하게 나타날 수 있을 것이다. 본 연구에서는 군부대에서의 정서적 환경을 분위기 차원에 대한 연구의 검토와 분위기의 영향에 대한 연구를 바탕으로 응집적 분위기, 신뢰적 분위기, 지원적 분위기, 인정적 분위기로 보고자 한다.

응집적 분위기(Cohesion)는 조직 내의 물질적 및 정신적 공유에 대한 지각을 나타내며 구성원 간 관계의 따뜻함. 친근함, 협조의 정도를 반영한다. 응집적 분위기 차원은 조직성과를 높이고 따뜻함의 분위기 차원은 조직에 대한 긍정적인 태도, 적응과 양의 상관이 있는 것으로 나타났다. (Moos, 1987, 이종호, 1996 재인용)

지원적 분위기(support)는 구성원의 실수가 용인되는 정도에 대한 지각으로서 구성원 행위에 대한 지지정도와 리더의 업무에 대한 고려와 지원정도를 나타낸다. 지원적 분위기는 목표를 명확히 하고 의사결정에 참여를 고무시키므로 구성원의 사기와 성취를 증가시킨다. 지원적인 분위기는 직무만족도와 강한 양의 상관이 있으며 지원적으로 분위기를 지각한 사람은 업무상황에서 그들의 상관을 더 좋게 평가하고 업무행위가 더 효율적인 것으로 나타났다. (Hellreiegl & Slocum, Jr,. 1974, 이종호, 1996 재인용)

인정적 분위기 (recognition)는 구성원의 기여가 인정되어지는 정도에 대한 지각이다. 인정적 분위기는 조직에 대한 태도, 적응과 정의 상관, 이직률과 음의 상관이 있는 것으로 나타났다. (Ostrff, 1993, 이종호, 1996 재인용) 또한 보상수준과 성과ー보상의존도는 만족도 및 성과와 강한 양의 상관을 보이는 것으로 나타났다. (Pritchare & Karasick, 1973, 이종호, 1996 재인용)

신뢰적 분위기는 상급자와 사적이고 민감한 이슈에 대해 공개적으로 이야기할 수 있는 정도에 대한 지각으로 선임자에 대한 신뢰의 정도, 구성원 욕구에 대한 리더의 관심 정도를 나타낸다. 신뢰적 분위기는 조직에 대한 만족을 가져오고, 구성원의 심리적 안정을 증진시키는 것으로 나타났다. (이종호, 1996)

5. 군 생활 적응

군대에서의 적응이란 어디까지나 군대적인 관점에서 본 적응을 뜻한다. 그러나 어떤 사람은 군대 지휘 상의 요구를 무시하고 무조건 변화하는 환경에 순응함으로써 긴장과 불안을 해소하는 것을 적응이라고 하며 또 어떤 사람은 군대 사회를 넘어서 일반사회의 가치에 일치하는 것을 적응이라고 생각하며. 또 혹자는 군대의 요구 조건에 관계없이 군대 내의 비공식적 사회구조에 따르는 것을 적응으로 본다. 그러나 군대의 입장에서 본다면 적응이란 군대 생활에 행복감을 느끼고 군대 임무에 대하여 사명감을 가지며, 직무와 지위에 만족하며 군대에 대하며 시인하는 태도를 가지고 있는 것이라고 생각할 수 있다. 한편 규칙을 위반하거나 영창에 들어가는 사람은 적응을 잘하지 못하는 사람이라고 생각할 수 있다. (신태수, 1981) 군 조직 적응이란 병사들이 군 조직문화의 한 부분이 되고 그에 흡수되는 과정으로서 이는 병사들이 군 조직 성원으로 활동하게 하기 위한 사회화와 병사들 스스로 군 조직 내에서의 역할에 자신을 귀속

시키는 역할개인화의 두 부분으로 나눌 수 있다. 물론 사회화와 역할개인화는 서로 독립적인 과정이 아니어서 우선 조직사회화가 이루어지면 자연스럽게 조직 내에서 개인이 맡은 바 임무화 책임을 스스로 담당하게 되는 역할 개인화가 뒤따른다. 조직사회화란 개인이 조직성원으로 활동하기 위해서 요구되는 가치, 규범, 그리고 행동양식을 습득하도록 교화되고 훈련되는 과정이고, 역할개인화는 조직 내에서 개인의 위치와 조직이 개인에게 기대하는 역할의 본질을 인식하고 실제로 자신의 맡은 바 임무를 수행하는 것을 말한다. (Jablin, 1987, 김현수, 1995, 재인용)

(군개혁주친위원회 1995)가 제시한 군 조직 적응 모델은 군 입대 전 단계와 입대 후 군 조직 내에서의 실제 적응, 그리고 제대 후 사회로 복귀하는 전역 후 단계의 세 가지 측면을 두루 포함하는 순환적(循環的)인 개념이 되어야 한다.

이 책은 군 생활은 군 입대 직후부터 전역 전의 군 복무기간을 의미한다. 군 입대 직후는 훈련병기간으로서 군 기초훈련을 통한 신제척/정신적 적응이 시작되는 시점으로 세부 직군職群과 군복무를 할 군 생활을 배치 받는 시점이며 자대배치 직후는 동료사병/고참/상관들과 내무반 생활을 시작하는 시점이고 군복무중에는 일반사병 신분으로 군 생활이 본 궤도에 올라 있는 시점으로 부대 분위기와 인간관계에 익숙해지는 시기라 할 수 있다. (상게서, 1995)

오늘날의 군 조직은 급변하는 사회·기술·경제 환경 변화에 대응하기 위한 변화와 개혁을 끊임없이 시도하고 있지만, 그 특수성과 제한사항으로 인하여 이러한 변화에 능동적이고 자동적으로 대처하는 데는 어느 정도 한계가 있어 보인다.

따라서 우리 군 조직은 주변적 환경변화에서 효과성과 건강성을 확보하기 위해서는 조직 구성원들의 가치관과 특성, 신념, 태도 등과 같은 군대 문화를 변화시킬 수 있는 조직발전이 시급하다고 생각한다. 군 생활 적응력 향상 요인에 대한 기존 연구를 보면 정민화(1998)는 군 생활 적응력 향상요인으로 현역 병사들의 군 복무에 대한 동기부여와 욕구충족에 대한 기대를 바탕으로 해서 형성되는 것이기 때문에 병사들의 심리적 요인이 그 기초가 된다고 하였다. 또 현역 병사들의 복무 의욕은 군 생활 적응력 향상요인에 영향을 미치는 세부요인으로 리더십. 업무, 동료와의 관계, 보급 및 복지, 행사 등을 제시하였다.

최건용(1999)은 병사들의 병영 생활 적응 요인으로 휴가, 외박 등 포상제도, 상급자의 인정, 칭찬, 격려, 병영의 가족적인 분위기, 지휘관의 리더십, 합리적인 명령, 명확한 방침 제시, 개인능력 발전의 기회부여, 복지 시설 향상, 개인 책임제도 등을 들었다.

본 연구에서는 군 생활 적응 요인으로 정신적, 육체적 건강 등을 의미하는 심신만족, 역할수행에 있어서 자발성과 자신감 등을 의미하는 임무수행 의지, 직책에 대한 관심과 가치부여 등을 의미하는 직무만족, 조직운영, 공정한 대우, 후생복지, 리더십 등을 의미하는 군 조직 환경만족을 의미하는 것으로 보았다.

B. 군 생활 적응에 영향을 미치는 요인

1. 신세대 병사의 인구사회학적 특성과 군 생활 적응

신세대 병사들의 군 생활 적응에 관한 선행 연구는 병사들의 인구사회학적 특성에 따라 군 생활 적응이 달라질 수 있다고 보고하고 있다.

일반적으로 복무기간, 학력, 계급, 가정형편, 건강 등은 병사들의 군 생활 적응에 영향을 미친다고 보고 되고 있다. 선행연구들을 토대로 군 생활 적응에 영향을 주는 변인에 대해 살펴보면 다음과 같다.

이윤희(1963)가 공군사병을 대상으로 Stauffer(1949)의 연구를 이어 군 생활에의 적응에 관하여 연구한 결과 교육수준이 높을수록 군 생활에 잘 적응치 못하였음을 밝혔다.

Guinn(1975)는 군사훈련 중인 공군사병들을 대상으로 군 생활에의 적응의 자기보고식 조사에서 연구한 결과 군무기간이 길수록 더 군 생활에 적응을 잘했음을 밝혔다. 군에서의 계급은 근무기간과 관련된다. 즉 계급이 높을수록 군 생활 적응이 높은 것으로 밝혀졌다. (김정권 (2000)) 진석범 (2000)의 연구에서도 복무기간이 군 생활 스트레스나 군 생활 적응에 유의미한 영향을 미치는 요소임을 밝혀내었다. 하지만 김현수(1998)의 연구에서는 연령이나 계급, 학력 등이 군 생활 적응에 영향을 미치지 않는 것으로 나타났다.

김진걸(2001)의 연구에서는 군 생활에 긍정적인 영향을 미치는 변수로 입대 전 직업, 학력, 종교 등이며 계급, 생활 정도, 성장지역 등의 변수는 연관성이 매우 적은 것으로 나타났다.

Worthington (1976)은 역시 군 생활에의 적응과정을 입대 전, 입대 후, 군무 중, 제대 후로 나누고 입대 전의 부적응 행동유형이 군 생활 자체의 경험에서보다 더 군 생활 적응과 상관이 있음을 밝혔다. Georgoulakis(1977)은 개인의 사회적 요인과 지각된 문제들에 따라 군대훈련에 적응하는 데 영향을 준다고 밝히고 있으며 이는 CMHA(Community Mental Health Activity)로 측정한 사람 중 문제가 없다고 지각한 개인이 문제가 있다고 지각한 개인보다 부대훈련에 잘 적응하며 연령, 학력은 적응과 관련이 없음을 밝혔다.

신세대 병사들에게는 집단주의와 개인주의, 권위주의와 평등, 통제와 자유, 명령에 대한 절대복종의 내면화와 합리성의 추구, 열악한 복지환경과 고급화 욕구의 추구, 단순 반복 업무와 고학력, 육체적 노동과 저급한 신체적응력 등의 갈등, 간부들의 부적절한 리더십 등이 군 생활 적응에 영향을 미치는 요인이 되고 있다. (김명중, 2000)

한편 군 조직의 개인의 자유박탈, 강제적 복종요구, 자신의 미래와 관련 없는 생활, 상급자에 대한 불만, 신체적 피로 등이 적응에 영향을 미치는 것으로 밝혀졌다. (최건용 (1999)) 여기서 자신의 미래와 관련 없는 생활은 진로에 대한 욕구 충족이 안 되는 것과 관련지을 수 있는데 동일 연구에서 군 생활과정 중 외국어나 컴퓨터 등 진로와 관련된 교육에 대한 욕구가 있음을 제시하였다. 또 신체적 피로와 관련하여 건강도 군 생활 적응에 영향을 미치는 요소임을 알 수 있다.

김주영(1999)은 건강, 리더십 등이 군 생활에 영향을 주는 요인임을 보고하였다. 정민화(1998)는 사병들의 계급과 학력이 군 생활 적응에 유의한 정적인 영향력을 미치는 요인으로 보고하였는데 재학생보다 졸업생이, 중간 계급보다 이병과 병장이 군 생활에 더 적응력이 있다고 하였다.

이상과 같은 연구 결과들을 근거로 본인의 연구에서는 인구사회학적 배경변수로 병사들의 복무기간, 가정형편, 건강, 진로기대로 하여 군 생활 적응에 영향을 미치는지를 살펴보고자 한다.

2. 군 생활 스트레스와 군 생활 적응

군 생활 중 받는 스트레스는 군 생활 적응을 어렵게 하는 요인이 될 것이다.

군 조직의 특성인 집단주의, 활동의 통제, 개인의 희생적 정신 강요, 권위주의, 복종, 굴종 등은 병사들에게 스트레스를 일으키는 주요인이며 이것은 군 생활에의 적응을 방해한다. (김명중(2000)) 특히 신세대 병사들이 군 생활에서 스트레스를 받는 일반적인 요인은 자유의 제한과 통제와 구속, 수평사회에서 수직사회로의 환경변화, 신세대들의 자기본위와 이기주의적 사고방식, 공동생활로 인한 사생활 침해, 개인공간의 부재, 책임과 의무가 막중한 가혹한 군대 사회 등이라고 하였다.

병사들의 군에 입대하는 순간까지 20년간 길들여져 왔던 일반 사회로부터의 갑작스런 단절 자체도 하나의 충격이려니와 상이한 환경 속에서 이질적인 공동체 생활은 대립적인 가치구조에 입각하며, 획기적인 사고 및 행동양식을 요구받는 군 생활에 대한 적응이야말로 크나큰 부담이 되고 있다.

한편 간부들의 업무에 대한 동기유발 및 임무수행방법, 제도 운영방식 등 군의 리더십이나 군 조직의 제도도 병사들의 군 생활 스트레스나 적응에 큰 비중을 차지하고 있다. (최영윤(1996, 재인용)) 황용주(2000)도 군 리더십이 신세대 병사의 스트레스 및 병영 생활에 영향을 미친다고 하여 권위적이 아닌 민주적인 리더십이 신세대 병사의 군 생활 적응에 긍정적인 영향을 미친다고 하였다.

군 생활 적응에 영향을 미치는 군 생활 스트레스의 원인 유형을 사회적 측면, 군 생활환경적 측면, 개인적 측면으로 구분하여 요약하면 다음과 같다. 먼저 사회적 측면으로는 불우한 가정환경과 관련된 것으로 즉 가정불화로 인한 이혼가정이나 한 부모 가정, 부모사망 및 위독, 주벽, 만성적 질환 등으로 인한 가족걱정이나 생계가 어렵거나 부모의 무능함으로 인한 경제적 곤란 등 가족에 대한 비관 및 스트레스이다. 또 대인관계와 관련된 것으로 애인의 변심, 친구와의 갈등, 의존적 관계의 실패 등으로 인한 스트레스이다. 반복적인 문제 해결 노력의 실패로 삶을 부정하는 염세적 비관, 사회생활에서 사고를 낸 후 두려움으로 인한 비관 등이 있다. 다음으로 군 생활환경적 측면으로는 먼저 내무생활에서 고참병의 구타나 횡포, 내무생활의 부조리로 인한 불만족과 지속적인 통제와 고통, 동료들과의 인간적 유대감 단절, 금품갈취, 가혹행위, 부당한 요구 등으로 인한 스트레스, 업무처리 미숙과 무능으로 인한 열등감과 잦은 지적으로 인한 근무 의욕 상실, 교육훈련(사격, 태권도, 행군 유격 등) 미숙에 대한 질책과 모욕, 보직에 대한 불만과 교체 요구 좌절로 인한 스트레스, 지나친 얼차려나 구타 등 인격적 모독에 대한 자존심 저하의 스트레스가 있다. 마지막으로 개인적 측면과 관련된 것으로 성격적 결함 (심한 내성적 성격으로 자신의 의사를 밝히지 못함) 우울증, 조울증, 정신분열증 등의 정신질환, 질병이 있거나 체력이 약하여 교육훈련, 업무과중 등을 견디지 못하는 경우의 스트레스가 있다. (최영윤(1996) p.7)

3. 신세대 가치관과 군 생활 적응

20대 초반의 젊은 세대를 신세대로 볼 때, 생물학적 연령을 기준으로 보면 현재 우리나라의 군 조직을 구성하고 있는 대다수의 병사를 이른바 신세대 병사라고 부르기에 무리가 없을 것으로 보인다. 1990년대에 들어서면서 이와 같은 특성을 가지고 있는 신세대들이 군 조직에 대규모로 유입됨으로써 병영 문화에 많은 변화를 가져오게 되었다. 자유분방하고 개성이 강한 신세대들이 유입됨에 따라 군은 과거의 '명령과 복종'이라는 단편적인 사회에서 합리성을 추구하는 사회로 변모하고 있다. 군의 신세대들은 나약하다는 평을 듣기도 하지만 그렇다고 부여되는 임무의 강도와 성격이 변하는 것은 아니며 임무를 완수하는 방법이 다를 뿐이라는 의견도 있다. 신세대 병사들이 군 생활 적응의 기존 연구를 보면 긍정적인 면과 부정적인 면이 함께 있는 것으로 나타난다.

먼저 신세대 병사의 긍정적인 군 생활 적응을 살펴보면 자기 성취 및 개인적 자부심이 강해 의사 표현이 분명하며 공평성과 합리성을 중시하기 때문에 합리적인 동기 유발 시 참여도나 책임의식이 강해진다는 점이다. 신세대 병사들의 합리적인 사고방식은 군 조직에 긍정적인 영향을 미치고 있다. 신세대들의 합리적인 사고방식은 현재 군 조직의 운영에 새로운 방향을 제시하고 있다. 또한 자신에게 주어진 임무를 이행하기 전에 그 과업을 이행할 수 있는 방법을 먼저 합리적으로 판단하기 때문에 일 처리의 효율성 면에서 많은 발전이 있는 것도 사실이다. 자신의 견해를 솔직하게 이야기하는 신세대의 특성에 따라 이와 같은 합리적인 사고는 그들만의 생각에 머물지 않고 설문, 간담회 등의 다양한 방법으로 직접 상관에게 건의되는 경우가 많아 군 조직의 업무처리방법이 더욱 다양화 및 활성화되고 있다. (강명철, 1995, 재인용) 두 번째는 긍정적인 사고를 하고 있으며 개방적인 솔직한 태도와 의사표현으로 밝은 병영문화를 이루고 자유로운 의사소통을 가능하게 하며 아이디어를 제공해주고 조직 내 잘못한 점을 쉽게 찾아낼 수 있다는 점이다. 신세대 병사들의 다양한 개성이 군대의 분위기를 바꾸고 있다. 신세대들은 큰 어려움 없이 자라 과거에 비해 밝고 활달한 성격으로 군 생활을 화기애애하게 만드는 데에 일조하고 있으며 신세대 병사들의 다양한 개성이 군대의 분위기를 바꾸고 있다. 일상 업무에서도 전문적인 기능이나 지식을 요구하는 분야가 늘어나고 있는 추세이므로 신세대 병사들 개인의 능력을 효과적으로 이용해야 할 필요성은 날로 증가하고 있다고 할 것이다. 세 번째는 C. T. V 세대[2]로 적응이 빨라 컴퓨터 운용 및 첨단장비, 각종 기계조작과 운용능력을 소유하고 있어 군에 긍정적인 영향을 미칠 수 있다는 것이다.

부정적인 영향의 첫 번째는 개인주의적 성향으로 단체정신이 미약하고, 강한 자기표현으로 상급자와의 갈등이 내재하고 있다는 점이다. 신세대들은 강한 자아의식을 갖고 있을 뿐만 아니라 핵가족에서 어려움이 없이 자란 경우가 많으므로 개인주의적·이기주의적인 성향을 가지고 있는데 군 조직에 영입된 신세대 병사가 군 생활에 적응하지 못하는 가장 큰 이유는 바로 이러한 자기중심적이고 개인주의적인 성향 때문이라고 할 수 있을 것이다. 두 번째는 자유분방한 사고로 군 계급의식 및 조직체계에 대한 거부의식이 팽배하여 권위주의적 지휘통솔에 강한 반발의식을 지니고 있다. 일부 신세대는 군에 입대한 후 명령체계와 일사불란한 단체생활에 적응하지 못하고 개인적인 행동을 함으로써 군대의 통일성을 위협하거나 군 조직의 효율성을 떨어뜨리기도 한다. 또한 자유를 박탈당했다고 하는 피해의식에 사로잡혀 매사에 소극적으로 활동하게 되고 말이 없어지며

---

2) C. T. V 세대란 computer, TV, VTR의 세계에서 자란 세대라는 말로서, 일명 『영상세대』라고도 한다.

46

행동의 민첩성이 떨어지는 등의 심리적 영향이 있을 수 있다. 세 번째는 인내력 부족으로 자살/구타 등 예상치 못한 악성사고 요인이 잠재 되어있고 체력 및 정신력 열세로 복무 부적응을 초래하고 있다는 점이다. 대체로 크게 부족함 없이 성장해 온 신세대들은 육체적·정신적으로 힘든 경험을 해 보지 못한 경우가 많기 때문에 인내력이 부족하여 군 조직 생활에 적응하지 못하는 경우가 있다. 과거 세대에 비해 육체적으로 나약해져서 훈련과정에 적응하지 못하고 어려움을 호소하는 경우가 많다. 이러한 상황이 극단적으로 나타날 때는 정신력이 약해 사고를 유발하거나 자살 및 자해를 하는 경우까지 있다. 네 번째는 법, 규정 준수 및 예의 범절 의식의 부족으로 군기 저해요소가 검증되고 있다.

이상에서 볼 때 가치관은 인간의 선택, 판단, 결정 및 행동의 기초가 된다고 할 수 있으므로 군 복무를 하는 개개인의 장병들이 어떤 가치 성향을 가지느냐에 따라 군 생활 방식이 달라지게 되고 그 결과로 나타나는 군 생활 적응도도 달라지게 된다고 할 수 있다. (서병민. 1997; 김주영, 1999; 진석범, 2000; 김형권, 2000; 김헌수, 1998)

본 연구의 대상인 현역 병사들의 나이는 20세~24세로서 신세대의 기준에 부합한다고 보며 이들을 기준으로 신세대 병사들의 가치성향과 군 생활 적응 간의 관계를 살펴보고자 한다.

4. 군 생활 적응에 대한 정서적 환경 요인

정서적 환경요인이 조직의 구성원들에게 미치는 영향에 대한 연구는 아직까지 많이 이루어지지 않았다. 정서적 환경은 조직 분위기라고도 할 수 있다. 모든 조직은 나름대로의 분위기가 있는데 이 조직에 들어 온 구성원들은 조만간 이 분위기를 익히게 되고 각 집단에 배치되어 행동할 때 이러한 특성이 나타난다. (임창희, 1995) 또 다른 조직분위기의 정의로는 그것을 조직의 특성으로 보느냐, 아니면 구성원의 특성으로 보느냐에 따라서 달라질 수 있다는 것이다. (신유근, 1985) 즉 조직분위기를 객관적인 상황의 특성 즉 조직체의 규모, 체계, 리더십의 유형, 목표지향 등의 차원으로 보는 입장과 조직 분위기를 구성원에 의하여 받아들여진 지각들로 이해하는 입장이 있다는 것이다. Schneider와 Bartlett(1972, 김재경 2000, 재인용)는 이중 후자의 입장 즉 조직 분위기를 개인에 의하여 받아들여진 일련의 지각들로 이해하였다. 이들은 성직자들을 대상으로 한 연구 결과 조직 분위기에 대한 지각은 인간의 수많은 행동과 감정 그리고 매일 매일의 경험에서 나타나는 것이기에 개인이 환경에 대하여 취하는 지각이라고 정의하였다. 파인과 휴(김재경 2000, 재인용)도 조직 분위기를 객관적 분위기와 주관적 분위기로 구분하고, 이중 주관적 분위기를 다시 구성원들 사이에서 일치된 것으로 나타나는 분위기 지각과 구성원들마다 다르게 인식되는 개인적 분위기로 나누어 설명하였다.

조직분위기는 일반적으로 한 조직을 다른 조직과 구별시

켜주면서 비교적 장시간 지속되고 구성원들의 행동에 영향을 미치는 조직의 상황, 여건, 분위기 등의 다원적 인식이라고 정의할 수 있다. (Guion(1973), 김재경 2000, 재인용) 또한 조직분위기의 역할은 개인에게는 조직생활의 만족도와 질을 높이고 집단에게는 욕구와 사기, 응집력을 높이며, 조직체에게는 생산성과 능률, 적응성, 개발, 성장 등을 고양한다. (Johnston, 1976, 김재경 2000, 재인용)

조직분위기의 구성 요인에는 규율, 규칙 등 행동에 제한을 가하는 요인, 도전과 책임감, 공정하고 균등한 보상체계, 온정과 지원, 과업, 수행상에 나타나는 위험도, 갈등과 경험의 차이에 따른 관용도, 응집력과 충성심, 조직체와 일체감, 성업기준과 기대에 대한 명백성 등이 있다. (srtinger et al, 1968, 김재경 2000, 재인용)

조직 구성원들이 조직에 대해서 긍지를 가지며, 조직 생활의 만족을 느낄 때 직무에 만족하고 생산을 높이게 되어 결국 조직의 기여도가 향상된다. (신유근(1982))

군 내부의 정서적 환경에 대한 만족도는 조직에서 발생하는 사건에 대한 해석을 위한 기초를 제공함으로써 개인의 행동과 태도에 영향을 미친다. 즉 조직의 정서적 환경은 구성원의 인지적, 감정적 상태에 영향을 미쳐 결과와 자기효능에 대한 기대를 유발함으로써 구성원의 행위에 영향을 미친다. (Fiele & Abelson. 신유근, 1982 재인용)

상근예비역들을 대상으로 한 연구에서 병사들의 군 생활 적응에 영향을 미치는 요소로 부대원들 사이의 활발한 인간관계의 중요성이 제시되었으며 여기에는 동료와의 고민

상담. 조언. 동료에 대한 생각과 관심, 기여 등이 포함되었다. (김정권(2000))

이종호(1996)도 신세대 병사의 군 생활 적응에 정서적 환경만족도가 유의미한 영향을 미침을 발견하였으며. 김중섭(1985)의 연구에서는 장교, 하사관, 장병의 군 생활 적응 영향요인의 차이에도 불구하고 공통적으로 나타난 것은 인간관계, 의사소통 등으로 나타났다. 이로 부대의 정서적 환경이 군 생활 적응에 영향을 미치는 요소임을 입증할 수 있다. 또 부대원 서로에 대해 긍정적인 평가가 군 생활 적응에 도움이 된다는 사실이 밝혀졌는데(최건용(1999)) 이는 정서적 환경 요소 중 인정성을 의미하는 것이라 할 수 있다. 김현주(1995)도 군 생활 적응에 병사 대인관계의 중요성을 언급하였다.

군 조직은 특수한 목적을 위해 특수한 임무를 특수한 상황과 조건하에서 특수한 방법으로 수행해 나가는 통일적인 집단이며 계급, 직책, 규칙과 규범 등이 강조되는 비교적 절대성이 요구되는 집단으로 임무를 효율적으로 수행하기 위해서는 군 집단 구성원들의 높은 책임과 협동심, 그리고 성원들 사이의 굳건한 상호신뢰가 요구된다. 따라서 타 집단과는 달리 특별한 사기, 군기, 의사소통 및 집단응집성이 중요시되고 있다.

군 조직에서는 집단응집성이 매우 중요하며 집단응집성이 높은 집단은 군에서 일어나는 일탈이나 사고 등을 크게 저하시킬 수 있는 반면에 응집성이 약한 집단은 구성원의 사기가 낮은 것은 물론 집단문제에 대하여 원만한 해결책을 모색할 수 없을 뿐 아니라, 상호비판하며 개인 목표에 집착하고 심하면 집단 해체를 조래하게 된다. (김명훈 1975, p.257)

신세대 병사들은 군대생활을 할 때 군 조직의 특성에서 비롯되는 강제적 규범, 명령에 대한 절대복종, 육체적, 정신적인 어려움 등을 겪게 된다. 그와 동시에 이들은 향수심, 개인적인 욕구불만 등으로 갈등을 겪게 되고 이는 부적응을 초래한다. 하지만 간부와 병사 간 허심탄회한 대화와 의사소통, 애로 및 건의사항 등의 적시 적절한 조치를 통해 상·하 간 신뢰감 증진이 요구된다. 부대의 임무완수는 부하 스스로 하고자 하는 마음과 의욕을 바탕으로 지휘통솔자와 부하 상호 간에 올바른 신뢰감이 조성되어 있을 때 가능하다. (장정식(2000))

군부대의 경우에 조직의 구성원은 크게 간부와 부하로 나눌 수 있다. 간부나 부하, 즉 상급자와 하급자 간에 신뢰감이 형성되고 그 군 생활의 명예와 전통에 대한 강한 자긍심과 애정을 가지고 군 생활이 일정한 목표를 향해 서로 단결하여 매진할 수 있는 분위기를 조성해 나 갈 때 그 군 생활은 최상의 전투력을 유지할 수 있는 것이다. (국방정신교육원, 1997) 신세대 병사들의 군 적응을 촉진시킬 수 있는 방안들 중 병사주의, 칭찬, 역지사지, 미래 지향, 대화, 진심이 통하는 지휘 등은 부대 내의 정서적 환경과 관련될 수 있는 것이라 할 수 있다.

건강한 내무생활은 지휘관과 사병 간의 의식개혁과 환경개선을 통하여 가족적인 분위기를 조성하는데 있으며 사병에게 있어서 병영생활은 기존의 생활환경과 군 생활의 급

격한 변화에서 오는 가치관의 혼동, 부적응 등이 대부분 사고의 원인으로 이어지고 있고, 이를 예방하기 위해서는 사병들 사이의 그리고 지휘관과 부하사병들 사이의 인간관계에 초점을 맞추는 접근이 필요하며 군에서의 효율적인 업무수행을 위해서는 사병 대인관계의 활성화가 필요하고 이를 위해서는 수평적인 비공식 커뮤니케이션의 활성화가 요구된다. (김현주(1995)

정민화(1998)의 연구에서도 군 생활 적응력 향상요인에 조직 분위기가 영향력을 미치는 것으로 나타났는데 구성원 간 상호작용이 많은 요인일수록 군 생활 적응력에 더욱 많은 영향을 미친다고 하였다.

본 연구에서도 정서적 환경을 응집성, 신뢰성, 인정성, 지원성으로 보고 이것이 사병들의 군 생활 적응에 미치는 직접적인 영향과 군 생활 스트레스나 신세대적 가치관을 조절하는 간접적인 영향에 대해 살펴보고자 한다.

C. 미국의 군 사회복지

1. 미국의 군 사회복지의 역사

미국의 군 사회복지는 초기에는 적응하지 못하는 군인을 돕기 위해 시작되었다. 남북전쟁 시에 미육군의료국을 지원하기 위해 민간단체인 위생위원회가 도움을 주었던 것이

최초의 군 사회복지 프로그램이었다. 1905년에 전국 적십자 연맹이 국회의 승인을 얻어 탄생되었는데, 제1차세계대전 중에는 적십자 직원들을 통해 군인에 대한 사회복지가 이루어졌고 그 이후 군병원에 배치된 의료사회복지사와 정신보건 사회복지사들의 활동이 시작되었다. 이들의 활동을 통해 역시 개인의 적응을 돕고, 정서문제, 내적 갈등을 제공하는 한 분야로서 정신보건사회복지가 발전되었고 1943년에는 공식적으로 사회사업 기능직이 SSN263으로 분류되어 1945년에 정신보건사회복지를 전담하는 장교직책이 설정되어 MOS3605가 1946년에 만들어졌다.

1990년대에 의회에서 군축을 결정한 이후 현역군인 수는 감소되었으나 군 사회복지체제는 현역군인과 그 가족을 가장 중요한 대상으로 설정하면서, 더욱 발전되었다. 1990년대에 미국 군대는 시정학적 환경변화와 새로운 군의 임무, 군력과 예산의 감축으로 군 사회사업 프로그램에 영향을 주었고, 이는 군력, 민간사회복지사의 비율, 프로그램 내용과 구조에 변화를 가져왔으나 오히려 가정폭력방지 프로그램이나 알코올중독 예방 프로그램 예산은 확충되었다. (Garber & Peter, 1995, 한인영 2000 재인용)

2. 미국의 군 사회복지사 활동

미국의 육군 사회복지사는 석사학위 소지자 이상이며 그 중 15% 이상이 박사학위를 소지하고 있다. 육군은 현역 사회복지사와 함께, 약 250명의 석사학위 이상의 민간 사회복지사를 고용하고 있다. 육군 사회복지는 정책, 보건과 정신보건, 지역사회 실천 그리고 기타 실천 등으로 나눌 수 있다. 먼저 정책에서는 인도주의, 국가훈련, 평화 유지와 관련된 우발상황시의 사회사업 실천원칙의 발달로 주요 지휘관 등에게 정책적 도움을 제공하고 있다. 그리고 보건과 정신보건 프로그램의 운영 면에서는 의료센터나 병원에서 광범위한 의료서비스와 퇴원계획의 수립, 가족지원 서비스를 제공한다. 전문적으로 훈련된 사회복지사가 보건이나 정신건강과 관련된 포괄적인 교육을 담당하며, 또한 정서적, 신체적으로 손상이 심한 환자들에게 임상적 개입을 한다. 또 병원의 입원 환자, 직원, 가족구성원에게 정신건강과 관련된 서비스를 제공하는데 군인들의 부부 상담과 가족문제 상담, 아동과 청소년 상담, 위기개입 서비스들을 제공한다. 지역사회 실천에서 살펴보면, 육군기지 내에 있는 지역사회서비스 기관에서 사회복지사는 지역사회의 다양한 서비스를 개발하며, 군인 가족들이 잘 생활할 수 있도록 돕는 활동을 한다. 기타활동으로 인질 송환, 재난구조. 인도주의적 원조 활동에 관여한다. 육군은 사회복지사, 정신분석 전문의, 심리학자로 구성된 특별 팀을 만들어 국제 파병 시 군 생활마다 배치될 수 있도록 하고 있다. 이 팀은 전쟁 중 병사의 스트레스를 관리해 주고, 귀국, 재파견과 관련하여 재적응 문제를 돕는다. 전쟁이나 재난은 '외상 후 스트레스 장애'라는 증상을 유발할 수 있어서 특별 팀이 증상을 검진하고 치료해 준다. (한인영, 2000)

1952년 시작된 공군 사회사업의 기본 사명은 공군 의료

시설의 정신보건 분과에서 의료지원 서비스를 제공하는 것이었다. 최근 급증한 공군 사회복지사의 활동을 보면 병원 정신보건 상담소, 가족개입 프로그램, 약물·알코올 치료 프로그램, 가족지원센터, 교정시설 등에서 다양한 서비스를 제공한다.

해군 사회사업 프로그램은 자원 봉사 기관과 적십자사, 해군구호국에 임명된 민간 사회복지사의 실천에서 비롯되었다. 해군 사회사업 프로그램은 약물·알코올 중독자 재활, 지휘관과 병사에 대한 행동과학적 지원, 해군병원 의료 및 정신의학적 사회사업, 군인가족에 대한 조사 및 지원을 포괄한다. (이윤수, 2000)

미국에서 사회사업이 승인을 얻기까지 군에 대한 전문적인 사회사업기술의 제공이 필요하다는 지속적인 탄원과 군과 전문사회복지사 모두에게 이로운 전문사회복지사 능력의 입증과정, 사회사업기관의 직접적인 활동과 지원 등이 주요 원인으로 작용하였다. 초기에는 정신보건, 정훈교육 등에 참여하여 주로 군인의 정신 건강 문제에 접근하였으며 현재는 미국군의 복지제도인 MWR(Morale, Welfare, Recreation)제도 속에서 군인의 전반적인 복지에 총체적으로 개입하는 사회사업모델을 구축하여 시행하고 있다. 사회복지사는 사회복지 전공자가 군에 입대할 경우에 적절히 배치하고 사회복지사 자격증소지자나 석사학위 이상 소지자에 대해 장교로 배치하는 것이 미국군의 통례이다. 또한 민간인 사회복지사를 채용하여 병원에서 의료 및 정신의료 업무에 종사하게 하고 가정폭력 옹호, 피해자 치료, 예방교육에 배치하여 알코올중

독에 대한 예방과 치료에 중점을 두며, 또한 가족 지원 서비스를 총괄하며 부부상담과 가족상담 서비스를 제공하며 아동과 청소년의 정서발달에 기여하게 한다. (한인영, 1999)

Ⅲ. 연구방법

A. 연구모형 및 가설

1. 연구모형의 설정

본 연구는 우리나라 신세대 병사들의 군 생활 적응에 관한 선행연구의 결과를 보완하여, 군 생활 스트레스 및 신세대 가치관, 정서적 환경지각은 군 생활 적응에 영향을 주며, 신세대 가치관과 군 생활 스트레스는 정서적 환경지각과 상호작용 하여 신세대 병사들의 군 생활 적응에 영향을 미칠 것으로 연구모형을 설계하였다. 즉 신세대 병사들의 군 생활 스트레스와 신세대 가치관과 군 생활 적응사이의 관계에서 정서적 환경지각의 상호작용 효과를 확인하고자 <그림 1>과 같은 연구모형을 설정하였다.

2. 연구가설의 설정

본 연구는 가설검증 과정을 통하여 군 생활 스트레스, 신세대 가치관, 정서적 환경지각이 신세대 병사의 군 생활 적응에 어떠한 영향을 미치는지 탐색하고자 한다. 구체적으로 다음과 같은 연구 질문과 가설을 설정하였다.

【가설 1】 신세대 병사의 군 생활 스트레스는 군 생활 적응에 영향을 미칠 것이다.

【가설 2】 신세대 병사의 신세대 가치관(개인주의/평등주의)은 군 생활 적응에 영향을 미칠 것이다

【가설 3】 신세대 병사의 정서적 환경지각은 군 생활 적응에 영향을 미칠 것이다

【가설 4】 신세대 병사의 군 생활스트레스와 정서적 환경지각은 군 생활 적응에 상호작용 효과를 미칠 것이다.

【가설 5】 신세대 병사의 신세대 가치관(개인주의/평등주의)와 정서적 환경지각은 군 생활 적응에 상호작용 효과를 미칠 것이다.

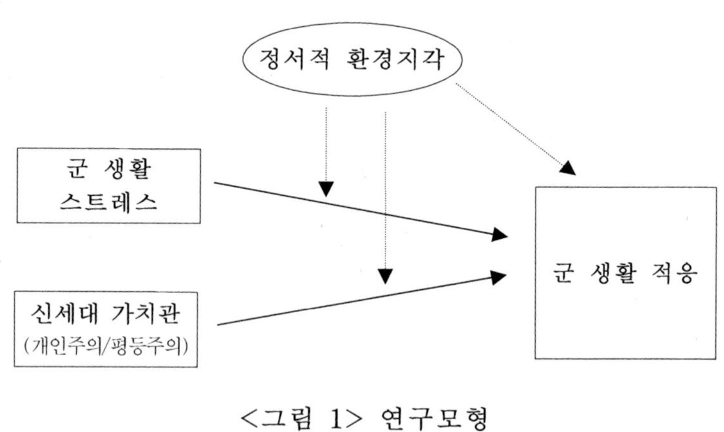

<그림 1> 연구모형

B. 연구대상 및 표집

본 연구의 연구대상은 장교, 부사관 등 직업군인을 제외한 이등병에서 병장까지의 25세 미만의 장병이다. 연구방법으로는 설문 연구방법(survey research)을 활용하였고, 표집절차는 다음과 같이 이루어졌다.

연구대상을 선정하는데 있어서는 군대의 보안과 기밀누설금지의 규정으로 인하여 설문조사가 허락된 부대 두 곳(△△사단 병사 430명)과 (△△사단 병사 430명) 등 병사 530명을 조사대상으로 선정하였다.

본 연구를 위하여 구조화된 설문지가 작성되었다. 설문지의 초안을 완성한 후 **부대의 행정관, 부사관에게 자문을 구하였으며, 병사 50명을 대상으로 2003년 11월 20일부터 27일까지 사전조사를 실시하였다. 군부대의 특성상 설문조사의 실시가능성을 타진하고 설문지의 구성 등에 있어 수정보완이 필요한지의 여부 등을 파악하는 것이 목적이었다. 사전조사 후 설문지구성과 척도사용에서 수정 및 보완된 내용은 다음과 같다. 하사관이라는 용어가 현재는 부사관이라는 용어로 바뀌어, 하사관을 부사관이라는 용어로 수정하였으며 30~40분 정도 소요되는 설문조사에 따르는 심적 부담감을 줄이고, 반복적 질문에서 비롯하는 저항을 최소화하기 위해 설문지의 전체 구성을 축소하였다. 본 조사는 2003년 12월 30일부터 2004년 1월 20일까지 해당 부대에서 실시하였다. 회수된 설문지 중 분석에 사용하기 어려울 정도로 부실하게 응답한 설문지를 제외하고, 실제 분석에 사용된 설문지는 총 501부였다.

자료 수집방법은 부대 내부로의 접근이 어려워 부대 장교에게 설명한 후 장교들이 배포 및 실시하게 하고 수거하는 방법을 사용하였다. 이 경우에 사병들의 응답에 부정적인 영향을 미칠 수 있어 사전에 장교에게 설문지의 목적과 비밀보장에 대해 충분히 설명하였다.

C. 측정도구

1. 종속변수

가. 신세대 병사의 군 생활 적응

신세대 병사의 군 생활에서의 적응을 측정하기 위한 도구인 군 생활 적응은 신태수(1981)가 사용한 척도를 사용하였다. 신태수는 군 생활 적응척도로 Stauffer(1949)가 만든 척도를 1963년 이윤희가 번역하였고 이를 다시 한국군에게 적합하게 수정 보완하였다. 각 하위척도는 다음과 같다.

(1) 심신의 상태: 정신적, 육체적 건강과 정신적 생활상태 등을 의미한다.

(2) 임무수행 의지: 군인의 사명감을 측정하는 것으로 역할 면, 자발성, 자신감, 임무수행, 소속

집단 등을 의미한다.

(3) 직책과 직무만족: 직책만족, 능력발휘 인식여부, 업무
의 중요성, 업무의 가치여부, 업무에 대
한 관심도, 타 보직 희망정도, 직무 관
여도 등을 의미한다.

(4) 군 조직 환경에 대한 태도

조직운영 면, 대우의 공정성, 조직 활동 면, 훈련정도 및
군기상태, 하사관 능력, 하사관과 일체감, 간부에 대한 인식,
장교의 리더십. 진급제도면, 후생복지면, 명령의 수용도, 군
에 대한 인상을 의미한다.

각 척도는 '전혀 그렇지 않다 (1점)'에서 '매우 그렇다(5
점)'까지의 5점 척도로 구성되어 있다. 점수가 높을수록 적
응이 잘 되는 것으로 측정된다. 신태수의 연구에서 척도의
신뢰도는 Cronbach $\alpha=.88$이었으며 본 연구에서의 신뢰도
는 Cronbach $\alpha=.958$로 높은 신뢰도를 보이고 있다.

2. 독립변수

가. 군 생활 스트레스

신세대 병사가 군 생활 중 겪는 스트레스를 측정하기 위
한 도구인 군 생활 스트레스는 박현철(2001)이 개발한 척도
를 사용하였다. 박현철은 한국생산성본부(1993)에서 '산업인
력의 정신건강과 스트레스의 측정변수에 대한 타당성 평가'
연구를 통하여 개발한 스트레스 요인 척도를 우리나라 군

부대의 실정에 맞게 개발하였다. 총 20개 문항으로 구성되며 각 하위척도는 다음과 같다.

(1) 역할스트레스: 역할갈등 및 모호성
(2) 외부스트레스: 가족 및 이성, 친구 등 외부요인으로 인한 스트레스
(3) 직무스트레스: 군대에서의 직무특성에서의 스트레스
(4) 관계스트레스: 부대 내 인간관계에서의 스트레스 등

박현철의 연구에서 척도의 신뢰도는 Cronbach α=.67의 수준을 보이고 있으며 본 연구에서는 Cronbach α=.939로 높은 신뢰도를 보이고 있다.

각 척도는 '전혀 그렇지 않다 (1점)'에서 '매우 그렇다(5점)'까지의 5점 척도로 구성되어 있다. 점수가 높을수록 스트레스가 높은 것으로 나타났다

나. 신세대 가치관

신세대 병사들이 어떠한 신세대적 가치관을 가지고 있는지 측정하기 위한 도구는 김기연(2002)이 개발한 도구를 사용하였다. 김기연은 Trompenars(1996)의 문항들, Triands(1995)의 문항들, 김재은(1987). 신수진(1998)의 전통적 가족주의 문항들을 근거로 이 도구를 개발하였는데 각 문항은 전통적 가치관으로 집단주의, 인본주의, 자연수용, 권위주의, 특수주의의 가치관의 문항을 포함하고, 현대적 가치관에는 개인주의, 물질주의, 자연통제, 평등주의, 보편주의의 가치관의 문항을 포함하면서 상반되는 가치관이 되도록 2개 문항씩 쌍을 이루

도록 구성하였다.

본 연구에서는 48개 문항 중 세대간 가치관의 대별이 명확한 집단주의-개인주의 가치관 문항 14개 문항과 권위주의-평등주의 6개 문항의 20개 문항을 사용하였으며 각 문항은 5점 척도로 구성하였다. 가치관 척도의 신뢰도는 김기연의 연구에서 전통적 가치는 .70, 현대적 가치는 .60으로 나타났으며 본 연구에서의 신뢰도는 개인주의 가치관 .881, 평등주의 가치관 .879로 높은 신뢰도를 보이고 있다.

각 척도는 '전혀 그렇지 않다 (1점)'에서 '매우 그렇다(5점)'까지의 5점 척도로 구성되어 있다. 점수가 높을수록 개인주의, 평등주의 가치관이 높은 것으로 나타났다

3. 상호작용 변수

가. 정서적 환경지각

신세대 병사들이 군부대의 정서적 환경을 어떻게 지각하는지를 측정하기 위한 정서적 환경지각에 대한 측정은 Koys & DeCotis(1991)의 것을 이종호(1996)가 번안한 문항으로 활용하였으며 각 하위척도는 다음과 같다.

(1) 응집성: 물질적 도움을 주려는 분위기를 포함한 부대 내에서 공유와 함께 있음에 대한 지각

(2) 신뢰성: 선임병/간부들과 사적인 이슈에 대해 공개적으로 이야기할 수 있는 자유에 대한 지각

(3) 지원성: 부대원으로 하여금 두려움 없이 실수로부터

배울 수 있게 만들며, 우수한 부대원에 의한 구성원 행위에 대한 참음의 정도

(4) 인정성: 부대에 대한 구성원의 기여가 인정되는 정도

이종호의 연구에서의 척도의 신뢰도 값이 Cronbach's $\alpha=$ 0.7 이상을 나타내고 있으며 본 연구에서 정서적 환경지각의 신뢰도 검증을 위한 Cronbach's α는 .932로 높은 신뢰도를 보이고 있다.

각 척도는 '전혀 그렇지 않다 (1점)'에서 '매우 그렇다(5점)'까지의 5점 척도로 구성되어 있다. 점수가 높을수록 정서적 환경에 대한 지각이 높은 것으로 측정된다. 즉 점수가 높을수록 더 응집적, 신뢰적, 지원적, 인정적으로 환경을 지각한다고 할 수 있다.

4. 통제변수

신세대 병사의 군 생활 적응에 영향을 미치는 군 생활 스트레스와 정서적 환경지각에 따른 효과를 구분하여 판단할 수 있도록, 병사들의 배경변인들을 측정하여 통제변수로 포함시켰다. 변인으로 병사의 복무기간, 가정형편, 건강, 진로기대를 설정하였다.

가. 복무기간

복무기간은 병사들이 군복무를 위해 신병훈련입소 이후 경과한 시간을 의미한다. 복무기간의 구분은 5개월 이하, 6-10

개월, 11-15개월, 16-20개월, 21개월 이상으로 구분하였다.

나. 가정형편

가정형편은 병사들 자신이 자신의 가정형편에 대해 지각하는 정도로 아주 어렵다. 어렵다. 보통이다. 넉넉하다. 아주 넉넉하다로 구분하였다.

다. 건　강

병사들의 건강은 자신의 건강에 대한 지각정도로 아주 건강하다. 건강하다. 보통, 건강하지 않다, 아주 건강하지 않다로 구분하였다.

라. 진로기대

병사들 자신의 진로에 대한 기대정도로 매우 절망적, 절망적, 보통, 희망적, 아주 희망적인 편으로 구분하였다.

D. 분석방법

수집된 설문지 가운데 분석에 불충분한 자료를 제외한 후 부호화 과정 및 채점과정을 거쳐 자료 분석은 SPSS

11.0을 이용하여 분석하였다. 각 분석방법에 대해 살펴보면 다음과 같다.

첫째, 연구대상자의 배경변인 특성을 알아보고자 빈도, 백분율, 평균 등을 알아보는 기술통계분석을 실시하였으며, 주요변인의 전반적 응답결과를 알아보기 위하여 평균 및 표준편차를 구하였다.

둘째, 신세대 병사의 배경특성과 측정 변인에 차이가 있는지를 알아보고자 t 검증 및 F 검증을 실시하였다. 또한 사후평균값 검증은 Scheffe를 활용하였다.

셋째, 신세대 병사의 배경 변인과 측정변인간의 관계를 알아보고자 단순적률 상관관계 분석을 실시하였다.

넷째, 【연구 질문 1】 신세대 병사의 군 생활 스트레스, 신세대 가치관(개인주의/평등주의), 정서적 환경지각은 군 생활 적응에 영향을 미치는가를 측정하기 위하여 단순적률 상관관계 및 다중 회귀분석을 실시하였다.

다섯째, 【연구 질문 2】 신세대 병사의 군 생활 적응에 대해 군 생활 스트레스 및 신세대 가치관(개인주의/평등주의)과 정서적 환경지각은 군 생활 적응에 상호작용 효과를 나타내는가를 측정하기 위하여 군 생활 스트레스 및 신세대 가치관과 정서적 환경지각에 따른 각각의 상호작용 항을 투입하여 다중회귀 분석을 실행하여 검증하였다.

E. 연구의 한계

본 연구는 다음과 같은 연구의 한계를 갖는다.

첫째, 신세대 병사의 군 생활 적응을 탐색하는데 횡적 연구와 양적인 방법만으로 한계가 있다. 입대 시 군 생활 적응 수준과 입대 후 일정기간 후의 군 생활 적응 수준을 종단 조사하여 비교하는 것과 면접 등 질적인 연구를 병행하는 것이 연구 결과의 일반화에 더 설득력이 있을 것이다.

둘째, 신세대 병사를 표집하는 과정에서의 한계점을 갖고 있다. 연구 설계에서는 층화표집과 계통적 표집의 결합으로 표본을 선정하고자 하였지만, 조사단계에서 군부대의 보안·기밀누설금지 여건상 설문조사 거부로 인해 편의 표집하였으며 따라서 결과를 일반화하는데 어려움이 있다.

Ⅳ. 연구 결과

A. 조사대상자의 인구사회학적 특성

본 분석에 포함된 신세대 병사들의 일반적 특성은 다음 <표 Ⅳ-1>과 같다. 조사대상 병사들의 연령은 19세~25세로 분포되어 있는데 21~22세가 전체의 70%정도를 차지하고 있다. 이들의 평균연령은 21.69세로 이 책의 신세대의 요건을 충족시키는 연령임을 알 수 있다. 계급은 일병과 상병이 대부분을 차지함을 알 수 있다. 병과를 보면 전투병과가 64.3%로 대부분을 차지하며 기술병과, 행정병과는 낮은 비율을 차지하였다.

가족 수입을 보면 월 100만 원~300만 원이 80%정도로 대부분을 차지하며 300만 원 이상의 수입이나 100만 원 이하의 수입을 가지는 경우는 적은 것으로 나타났다. 이들이 지각하는 가정형편은 어렵다고 느끼는 경우는 14.8%로 적고 대부분이 보통 이상으로 느끼는 것으로 나타났다.

병사들의 건강상태를 보면 건강하다고 느끼는 경우가 66.5%로 건강하지 않다고 느끼는 경우(3.8%)에 비해 높은 것으로 나타나 대부분의 병사들이 자신의 건강상태에 대해 좋다고 느끼는 것으로 밝혀졌다.

신세대 병사들의 진로에 대한 기대를 보면 절망적이라고 느끼는 경우는 6.8%, 희망적이라고 느끼는 경우는 50.7%로 진로에 대한 기대는 좋은 것으로 밝혀졌다. 이들의 연령상 진로기대는 매우 중요하다. 하지만 보통인 경우가 42.1%인 것은 진로에 대한 준비가 완전하지 않음을 의미한다.

<표 Ⅳ-1> 신세대 병사들의 인구사회학적 특성

n=501

변수		빈도 (백분율%)
연령	19세	3 (.6)
	20세	46 (9.2)
	21세	189 (37.7)
	22세	164 (32.7)
	23세	70 (14.0)
	24세	22 (4.4)
	25세	7 (1.4)
계급	병장	82 (16.4)
	상병	213 (42.5)
	일병	154 (30.7)
	이병	48 (9.6)
	미기재	4 (.8)
가정형편	아주 어렵다	24 (4.8)
	어렵다	50 (10.0)
	보통이다	242 (48.3)
	넉넉하다	136 (27.1)
	아주 넉넉하다	49 (9.8)
건강상태	아주 건강하지 않다	5 (1.0)
	건강하지 않다	14 (2.8)
	보통이다	149 (29.7)
	건강하다	235 (46.9)
	아주 건강하다	98 (19.6)
진로기대	매우 절망적	(2.2)
	절망적	23 (4.6)
	보통	211 (42.1)
	희망적	160 (31.9)
	매우 희망적	94 (18.8)
	미기재	2 (.4)

B. 가설검증을 위한 사전 분석

1. 주요변수들에 대한 기술통계

본 연구의 주요변수에 대한 전반적인 응답결과를 평균과 표준편차를 중심으로 살펴보면 <표 Ⅳ-2>와 같다.

군 생활 스트레스의 하위요인에 대한 평균은 최저 2.73에서 최고 3.18까지이며 전체 군 생활 스트레스에 대한 평균은 2.94로 보통 정도의 스트레스를 받는 것으로 파악되었다. 가장 낮게 스트레스를 인식하는 하위요인은 관계요인으로 연구대상 병사들은 부대에서의 인간관계에서의 스트레스는 비교적 낮은 것으로 보여진다. 그 다음으로 외부스트레스, 역할스트레스, 직무스트레스 순으로 병사들은 직무스트레스를 가장 많이 받는 것으로 평가된다. 자신이 어떠한 종류의 일을 하며 어떤 하위조직에 속하여 근무하느냐 하는 것은 직무 스트레스를 결정하는 가장 근본적인 갈림길이 된다. 군대라는 조직사회에 속한 개인은 자신의 계급, 보직, 근무지 등에 따라 본인의 스트레스의 강도와 종류가 달라진다는 것이다. 군 생활에서의 업무역량 및 업무자신감이 결여된 경우에는 초조, 긴장, 스트레스, 무기력, 우울 등을 동반하게 되며 심한 경우 자학, 자살 등의 중대 군 생활 사고로 이어지는 경우가 많다. 병사들은 군 생활에서 자신이 선택하지 않은 업무를 강제적으로 하게 되며 이는 직무에 대한 갈등을 겪게 된다. 또 자신의 직무에 대한 오리엔테이션과

훈련이 충분하지 않은 상태에서 업무를 하게 될 경우 업무를 완수함에 있어서 어려움을 느끼게 되고 이는 군 생활 적응을 어렵게 하는 요소가 될 것으로 보인다.

다음으로 신세대 가치관의 하위요인에 대한 평균차이 분석결과를 살펴보면 신세대 가치관 중 개인주의는 3.26, 평등주의는 3.71로 나타났다.

<표 Ⅳ-2> 주요변수들의 기술통계값

N=501

변수	하위요인	평균 (표준편차)
군 생활 스트레스	역할 스트레스	3.06 (.94)
	관계 스트레스	2.73 (.60)
	외부 스트레스	2.80 (.85)
	직무 스트레스	3.18 (1.14)
	전 체	2.94 (.78)
신세대 가치관	개 인 주 의	3.26 (.66)
	평 등 주 의	3.71 (.86)
정서환경지각	응 집 성	3.47 (.70)
	신 뢰 성	3.14 (.65)
	지 원 성	3.22 (.76)
	인 정 성	3.17 (.81)
	전 체	3.25 (.63)
군 생활 적응	심 신 만 족	3.44 (.75)
	임 무 의 지	3.01 (.85)
	직 무 만 족	3.21 (.83)
	조 직 만 족	2.86 (.83)
	전 체	3.13 (.69)

군 생활의 정서적 환경지각의 하위요인에 대한 평균은 최저 3.14에서 최고 3.47까지이며 전체적인 정서적 환경지각에 대한 평균은 3.25로 비교적 긍정적으로 정서적 환경지각

을 하는 것으로 나타났다. 조사대상 병사들이 가장 낮게 인지하는 정서적 환경지각 부분은 신뢰성이며 그 다음은 인정성, 지원성, 응집성 순이며 응집성을 가장 높게 지각하는 것으로 평가된다. 즉 상급자와 하급자 간의 신뢰성은 부족한 반면 부대원들끼리의 응집성은 높은 것으로 나타났다.

군 생활 적응의 하위요인에 대한 평균은 최저 2.86에서 최고 3.44까지이며 전체 군 생활 적응에 대한 평균은 3.13으로 평균보다 조금 높은 것으로 나타났다. 가장 낮은 적응을 보이는 부분은 조직만족으로 나타났다. 김일수(1995, p.31-32)에 의하면 조직이 수직적인 위계질서를 덜 강조할수록 그 구성원의 직무 만족도는 높아지고 스트레스 수준도 현저하게 감소된다고 한다. 반면 군대라는 조직의 수직적 위계질서 강조는 병사들의 스트레스 수준 증가를 불러올 소지가 높다고 할 수 있다. 다음으로는 임무의지, 직무만족, 심신만족 순으로 적응도가 높은 것으로 나타났다.

2. 연구대상의 인구사회학적 특성과 주요변인과의 비교

연구대상의 인구사회학적 특성을 주요변인인 군 생활 스트레스, 신세대 가치관, 정서적 환경지각, 군 생활 적응 및 그 하위요인들과 비교하기 위한 t 검증과 F 검증 분석을 실시하였다.

가. 신세대 병사들의 인구사회학적 변인에 따른 군 생활 스트레스의 차이

본 연구대상자의 군 생활 스트레스의 하위요인별 수준의 차이를 알아보기 위해 인구사회학적 주요 배경변수인 계급, 가정형편, 건강, 진로에 대한 기대 등에 따라 각각 살펴보면 다음 <표 Ⅳ-3>과 같다.

군 생활 스트레스의 하위요인인 역할 스트레스는 계급, 가정형편, 건강, 진로에 대한 기대에 따라 유의미한 차이를 보여 계급이 낮을수록, 건강과 가정환경이 좋지 않을수록, 진로가 희망적이지 않을수록 역할 스트레스는 높은 것으로 나타났다. 가정형편은 보통수준의 집단이 어렵거나 매우 넉넉한 수준의 집단보다 역할스트레스가 낮은 것으로 나타났다. 사후검증(Scheffe 검증)을 한 결과, 이병과 일병 이상의 집단에서 유의미한 차이가 났다. 따라서 이병집단의 역할 스트레스가 가장 크다고 할 수 있다. 가정형편상으로는 어려운 집단과 보통인 집단, 보통인 집단과 아주 넉넉한 집단 간의 차이가 나타났다. 이러한 결과는 가정형편이 보통인 집단이 가정형편이 어렵거나 매우 넉넉한 집단에 비해 역할 스트레스를 덜 받는다는 것을 의미한다.

또 관계 스트레스의 수준은 가정형편, 건강, 진로에 대한 기대에 따라 유의미한 차이를 보여 건강과 가정형편이 좋지 않을수록, 진로가 희망적이지 않을수록 관계 스트레스는 높은 것으로 나타났다. 사후검증(Scheffe 검증) 결과 가정형편이 보통이거나 넉넉한 집단과 아주 넉넉한 집단에서, 아주 건강하지 않다고 지각한 집단과 비교적 건강하다고 인지한 다른 집단에서 유의미한 차이가 나타났다. 진로에 대한 기대가 매우 절망적이라고 인지한 집단과 희망적이라고 인지한 집단 간의 차이도 유의미했다. 계급상 관계 스트레스의 집단 간 평균의 차이는 유의미하지 않았다.

한편 외부 스트레스의 수준은 계급, 가정형편, 건강, 진로에 대한 기대에 따라 유의미한 차이를 보여 계급이 낮을수록, 건강과 가정형편이 좋지 않을수록, 진로가 희망적이지 않을수록 외부스트레스는 높은 것으로 나타났다. 사후검증(Scheffe 검증) 결과, 이병과 일병 이상의 집단에서, 가정형편에 따라서 아주 건강하지 않다고 지각한 집단과 비교적 건강하다고 인지한 다른 집단에서 유의미한 차이가 나타났다.

직무 스트레스의 수준은 계급, 가정형편, 진로에 대한 기대에 따라 유의미한 차이를 보여 계급이 낮을수록, 가정형편이 좋지 않을수록, 진로가 희망적이지 않을수록 직무 스트레스는 높은 것으로 나타났다. 사후검증(Scheffe 검증) 결과 이병과 일병 이상의 집단에서, 가정형편이 어렵다고 인지한 집단과 보통 이상이라고 인지한 집단에서 유의미한 차이가 나타났다. 건강상 직무 스트레스의 집단 간 평균의 차이는 유의미하지 않았다.

전체적으로 군 생활 스트레스는 계급, 가정형편, 건강, 진로에 대한 기대에 따라 유의미한 차이를 보여 계급이 낮을수록, 건강과 가정형편이 좋지 않을수록, 진로가 희망적이지 않을수록 군 생활 스트레스는 높은 것으로 나타났다. 사후검증(Scheffe 검증)을 한 결과, 이병과 일병 이상의 집단에서, 가정형편상으로는 어려운 집단과 보통인 집단, 보통인

집단과 아주 넉넉한 집단에서, 진로가 희망적인 집단과 절
망적인 집단사이에서 유의미한 차이가 나타났다.

<표 Ⅳ-3> 인구사회학적 변수들에 따른 군 생활 스트
레스의 차이

변수	구분 (N)	역할 스트레스 평균 (S. D)	t/F	관계 스트레스 평균 (S. D)	t/F	외부 스트레스 평균 (S. D)	t/F	직무 스트레스 평균 (S. D)	t/F	군 생활 스트레스 전체 평균 (S. D)	t/F
계급	이병 (48)	3.54 (.92)		2.95 (.57)		3.27 (.83)		3.80 (1.12)		3.39 (.78)	
	일병 (154)	3.09 (.94)	5.53**	2.71 (.64)		2.77 (.85)	5.65**	3.21 (1.12)	6.74**	2.94 (.79)	6.63**
	상병 (213)	2.98 (.90)	Scheffe (1, 2) (1, 3) (1, 4)	2.72 (.56)	2.55	2.76 (.83)	Scheffe (1, 2) (1, 3) (1, 4)	3.14 (1.04)	Scheffe (1, 2) (1, 3) (1, 4)	2.90 (.72)	Sch -effe (1, 2) (1, 3) (1, 4)
	병장 (82)	2.91 (.96)		2.67 (.63)		2.70 (.86)		2.90 (1.27)		2.80 (.83)	
가정형편	아주 어렵다 (24)	3.48 (.93)		2.92 (.53)		3.35 (.90)		3.44 (1.31)		3.30 (.80)	
	어렵다 (50)	3.37 (.81)	6.20**	2.76 (.64)	6.89**	3.08 (.82)	9.35**	3.57 (.99)	2.76*	3.19 (.70)	6.45**
	보통 (242)	2.90 (.90)	Scheffe (2, 3) (3, 5)	2.62 (.54)	Scheffe (3, 5) (4, 5)	2.62 (.79)	Scheffe (1, 3) (2, 3) (3, 5)	3.11 (1.07)	Scheffe (2, 4)	2.81 (.72)	Sch -effe (2, 3) (3, 5)
	넉넉하다 (136)	3.03 (1.00)		2.75 (.62)		2.80 (.84)		3.07 (1.21)		2.91 (.84)	
	아주 넉넉하다 (49)	3.39 (.90)		3.07 (.68)		3.17 (.91)		3.37 (1.24)		3.25 (.84)	

*p <.05, **p <.01 (2-tailed)

변수	구분 (N)	역할 스트레스		관계 스트레스		외부 스트레스		직무 스트레스		군 생활 스트레스 전체	
		평균 (S. D)	t/F	평균 (S. D)	t/F	평균 (S. D)	t/F	평균 (S. D)	t/F	평균 (S. D)	t/F
건강	아주 건강 하지 않다 (5)	3.32 (.89)		3.04 (.70)		3.18 (.90)		3.39 (1.13)		3.23 (.82)	
	건강하지 않다 (14)	3.04 (.96)	3.65**	2.70 (.57)	6.71**	2.75 (.76)	6.06**	3.11 (1.15)		2.90 (.77)	4.29**
	보통 (149)	2.93 (.92)	Scheffe (1, 3)	2.66 (.56)	Scheffe (1, 2) (1, 3) (1, 4)	2.74 (.89)	Scheffe (1, 2) (1, 3) (1, 4)	3.14 (1.20)	1.47	2.87 (.80)	Sch -effe (1, 2) (1, 3)
	건강하다 (235)	3.00 (.94)		2.62 (.57)		2.59 (.79)		3.14 (.98)		2.84 (.67)	
	아주 건강 하다 (98)	3.60 (.79)		2.76 (.62)		3.11 (.71)		3.63 (.81)		3.28 (.57)	
진로 기대	매우 절망적 (11)	3.89 (.97)		3.35 (.63)		3.58 (.74)		3.65 (.66)		3.62 (.54)	
	절망적 (23)	3.41 (.95)	6.60**	2.79 (.56)	5.85**	3.22 (.67)	9.99**	3.61 (1.05)	4.20**	3.26 (.73)	7.74**
	보통 (211)	3.05 (.89)	Scheffe (1, 4) (4, 5)	2.69 (.54)	Scheffe (1, 3) (1, 4) (4, 5)	2.80 (.84)	Scheffe (1, 4) (2, 4) (4, 5)	3.23 (1.16)	Scheffe (4, 5)	2.94 (.75)	Sch -effe (1, 4) (4, 5)
	비교적 희망적 (160)	2.84 (.93)		2.64 (.58)		2.55 (.77)		2.93 (1.09)		2.74 (.74)	
	매우 희망적 (94)	3.27 (.96)		2.88 (.70)		3.06 (.92)		3.39 (1.14)		3.15 (.84)	

*p <.05, **p <.01 (2-tailed)

나. 신세대 병사들의 인구사회학적 변인에 따른 신세대 가치관(개인주의/평등주의)의 차이

본 연구대상자의 신세대 가치관의 하위요인별 수준의 차이를 알아보기 위해 인구사회학적 주요 배경변수인 계급, 가정형편, 건강, 진로에 대한 기대 등에 따라 각각 살펴보면 다음 <표 Ⅳ-4>와 같다.

신세대 가치관의 하위요인인 개인주의 가치관은 계급, 가정형편, 건강, 진로에 대한 기대에 따라 유의미한 차이를 보여 계급이 낮을수록, 건강과 가정형편이 좋지 않을수록, 진로가 희망적이지 않을수록 개인주의 가치관은 높은 것으로 나타났다. 사후검증(Scheffe 검증)을 한 결과, 이병집단과 상병, 병장 집단에서, 일병, 상병집단과 병장집단에서, 가정형편이 아주 어려운 집단과 보통 이상인 집단에서, 건강하지 않은 집단과 아주 건강한 집단에서 유의미한 차이가 나타났다.

평등주의 가치관의 수준은 계급, 가정형편에 따라 유의미한 차이를 보여 계급이 낮을수록, 가정형편이 좋지 않을수록 평등주의 가치관은 높은 것으로 나타났다. 건강과 진로에 대한 기대에 따른 평등주의 가치관의 집단 간 평균의 차이는 유의미하지 않았다. 사후검증(Scheffe 검증)을 한 결과, 이병 집단과 병장 집단에서, 가정형편상으로는 아주 어려운 집단과 아주 넉넉한 집단에서, 유의미한 차이가 나타났다.

<표 Ⅳ-4> 인구사회학적 변수들에 따른 신세대 가치
관(개인주의/평등주의)의 차이

변수	구분 (N)	개인주의		평등주의	
		평균 (S. D)	t/F	평균 (S. D)	t/F
계급	이병 (48)	3.57 (.62)	9.77**	4.02 (.69)	4.67** Scheffe (1, 4)
	일병 (154)	3.33 (.67)	Scheffe (1, 3) (1, 4) (2, 4) (3, 4)	3.76 (.80)	
	상병 (213)	3.25 (.58)		3.70 (.83)	
	병장 (82)	2.98 (.73)		3.46 (1.06)	
가정형편	아주 어렵다 (24)	3.74 (.55)	5.13** Scheffe (1, 3) (1, 4) (1, 5)	4.08 (.34)	2.56** Scheffe (1, 5)
	어렵다 (50)	3.33 (.63)		3.67 (.87)	
	보통이다 (242)	3.26 (.62)		3.76 (.78)	
	넉넉하다 (136)	3.22 (.68)		3.67 (.95)	
	아주 넉넉하다 (49)	3.03 (.76)		3.46 (1.03)	
건강	아주 건강하지 않다 (5)	3.86 (.52)	6.48** Scheffe (2, 5) (3, 5) (4, 5)	4.27 (.43)	1.00
	건강하지 않다 (14)	3.72 (.64)		3.76 (.73)	
	보통이다 (149)	3.32 (.65)		3.73 (.81)	
	건강하다 (235)	3.28 (.62)		3.73 (.86)	
	아주 건강하다 (98)	3.02 (.69)		3.60 (.94)	

변수	구분 (N)	개인주의		평등주의	
		평균 (S. D)	t/F	평균 (S. D)	t/F
진로기대	매우 절망적 (11)	3.65 (.62)	3.08* Scheffe (1, 4)	3.79 (.64)	1.62
	절망적 (23)	3.34 (.68)		3.72 (.78)	
	보통이다 (211)	3.33 (.58)		3.81 (.75)	
	비교적 희망적 (160)	3.23 (.70)		3.69 (.89)	
	매우 희망적 (94)	3.10 (.72)		3.55 (1.02)	

*p <.05, **p <.01 (2-tailed)

다. 신세대 병사들의 인구사회학적 변인에 따른 정서적 환경지각의 차이

본 연구대상자의 정서적 환경지각의 하위요인별 수준의 차이를 알아보기 위해 인구사회학적 주요 배경변수인 계급, 가정형편, 건강, 진로에 대한 기대 등에 따라 각각 살펴보면 다음 <표 Ⅳ-5>와 같다.

정서적 환경지각의 하위요인인 응집성은 계급, 가정형편, 건강, 진로에 대한 기대에 따라 유의미한 차이를 보여 계급이 높을수록, 건강과 가정형편이 좋을수록, 진로가 희망적일수록 정서적 환경을 응집적으로 인식하는 것으로 나타났다. 어느 집단에서 차이를 보이고 있는지를 알아보기 위해 사후검증(Scheffe 검증)을 한 결과, 이병, 일병, 상병 집단과 병장 집단에서, 가정형편이 아주 어려운 집단이나 보통인 집단과 넉넉하거나 아주 넉넉한 집단에서, 건강상태가 아주 건강하지 않거나 건강한 집단과 건강하거나 아주 건강한 집단에서, 진로에 대한 기대가 매우 희망적, 희망적, 보통, 절망적, 아주 절망적인 집단별로 각각 유의한 차이가 나타났다.

신뢰성의 수준은 계급, 가정형편, 건강, 진로에 대한 기대에 따라 유의미한 차이를 보여, 계급이 높을수록, 건강과 가정형편이 좋을수록, 진로가 희망적일수록 정서적 환경을 신뢰적으로 인식하는 것으로 나타났다. 사후검증(Scheffe 검증)을 한 결과, 이병, 일병, 상병 집단과 병장 집단에서, 가정형편이 아주 어려운 집단이나 보통인 집단과 넉넉하거나 아주 넉넉한 집단에서, 건강상태가 아주 건강한 집단과 그 이하 집단에서, 진로에 대한 기대가 매우 희망적, 희망적, 보통, 절망적, 아주 절망적인 집단별로 각각 유의한 차이가 나타났다.

한편 지원성의 수준은 계급, 가정형편, 건강, 진로에 대한 기대에 따라 유의미한 차이를 보여 계급이 높을수록, 건강과 가정형편이 좋을수록, 진로가 희망적일수록 정서적 환경을 지원적으로 인식하는 것으로 나타났다. 사후검증(Scheffe 검증)을 한 결과, 이병집단과 일병, 상병, 병장 집단에서, 일병, 상병 집단과 병장 집단에서, 가정형편이 보통 이하로 어려운 모든 집단과 넉넉하거나 아주 넉넉한 집단에서, 건강상태가 아주 건강한 집단과 그 이하 집단에서, 진로에 대한 기대가 매우 희망적, 희망적, 보통, 절망적, 아주 절망적인 집단별로 각각 유의한 차이가 나타났다.

인정성의 수준은 계급, 가정형편, 건강, 진로에 대한 기대에 따라 유의미한 차이를 보여 계급이 높을수록, 건강과 가정형편이 좋을수록, 진로가 희망적일수록 정서적 환경을 인정적으로 인식하는 것으로 나타났다. 사후검증(Scheffe 검증)을 한 결과, 이병 집단과 일병, 상병, 병장 집단에서, 상병과 병장 집단에서, 가정형편이 어렵거나 아주 어려운 집단과 넉넉하거나 아주 넉넉한 집단에서, 건강상태가 아주 건강한 집단과 그 이하 집단에서, 진로에 대한 기대가 매우 희망적, 희망적, 보통, 절망적, 아주 절망적인 집단별로 각각 유의한 차이가 나타났다.

전체적으로 정서적 환경지각은 계급, 가정형편, 건강, 진로에 대한 기대에 따라 유의미한 차이를 보여 계급이 높을수록, 건강과 가정형편이 좋을수록, 상관과 의사소통이 잘 될수록, 상관이 민주적일수록, 진로가 희망적일수록 부대의 정서적 환경 지각은 높은 것으로 나타났다. 사후검증(Scheffe 검증)결과는, 이병집단과 일병, 상병, 병장 집단에서, 일병, 상병 집단과 병장 집단에서, 가정형편상으로는 아주 어려운 집단과 넉넉한 집단, 아주 넉넉한 집단에서, 아주 건강한 집단과 비교적 건강하거나 그 이하인 집단에서, 진로가 희망적인 집단과 보통 이하의 절망적인 집단사이에서 유의미한 차이가 나타났다.

<표 Ⅳ-5> 인구사회학적 변수들에 따른 정서적 환경지각의 차이

변수	구분 (N)	응집력 평균 (S. D)	응집력 t/F	신뢰 평균 (S. D)	신뢰 t/F	지원 평균 (S. D)	지원 t/F	인정 평균 (S. D)	인정 t/F	부대정서 환경지각 전체 평균 (S. D)	t/F
계급	이병 (48)	3.18 (.64)	9.71**	2.98 (.62)	5.66**	2.83 (.89)	11.25**	2.73 (1.07)	9.38**	2.93 (.69)	11.89**
	일병 (154)	3.43 (.70)	Scheffe (1, 4) (2, 4) (3, 4)	3.13 (.65)	Scheffe (1, 4) (2, 4) (3, 4)	3.24 (.72)	Scheffe (1, 2) (1, 3) (1, 4) (2, 4) (3, 4)	3.22 (.77)	Scheffe (1, 2) (1, 3) (1, 4) (3, 4)	3.25 (.61)	Scheffe (1, 2) (1, 3) (1, 4) (2, 4) (3, 4)
	상병 (213)	3.43 (.68)		3.10 (.65)		3.16 (.72)		3.13 (.75)		3.21 (.59)	
	병장 (82)	3.80 (.69)		3.40 (.62)		3.57 (.69)		3.47 (.74)		3.56 (.62)	
가정형편	아주 어렵다 (24)	2.99 (.69)	8.77**	2.84 (.68)	12.47**	2.80 (.72)	12.56**	2.80 (.96)	12.28**	2.86 (.61)	15.48**
	어렵다 (50)	3.34 (.71)		3.08 (.63)		3.04 (.79)	Scheffe (1, 4) (1, 5) (2, 4) (2, 5) (3, 4) (3, 5)	2.95 (.87)	Scheffe (1, 4) (1, 5) (2, 4) (2, 5) (3, 4) (3, 5)	3.10 (.64)	Scheffe (1, 4) (1, 5) (2, 4) (2, 5) (3, 4) (3, 5)
	보통 (242)	3.39 (.71)	Scheffe (1, 4) (1, 5) (3, 4) (3, 5)	3.01 (.59)	Scheffe (1, 4) (1, 5) (2, 5) (3, 4) (3, 5)	3.09 (.78)		2.02 (.78)		3.13 (.61)	
	넉넉하다 (136)	3.64 (.62)		3.30 (.78)		3.42 (.66)		3.38 (.74)		3.44 (.57)	
	아주 넉넉하다 (49)	3.76 (.67)		3.58 (.59)		3.69 (.59)		3.69 (.66)		3.68 (.56)	

*p <.05, **p <.01 (2-tailed)

<table>
<tr><td rowspan="2">변
수</td><td rowspan="2">구분
(N)</td><td colspan="2">응집력</td><td colspan="2">신뢰</td><td colspan="2">지원</td><td colspan="2">인정</td><td colspan="2">부대정서환경
지각 전체</td></tr>
<tr><td>평균
(S. D)</td><td>t/F</td><td>평균
(S. D)</td><td>t/F</td><td>평균
(S. D)</td><td>t/F</td><td>평균
(S. D)</td><td>t/F</td><td>평균
(S. D)</td><td>t/F</td></tr>
<tr><td rowspan="5">건
강</td><td>아주
건강하지
않다 (5)</td><td>2.40
(.57)</td><td>16.37**</td><td>2.72
(.52)</td><td></td><td>2.24
(.54)</td><td></td><td>2.65
(.74)</td><td></td><td>2.50
(.50)</td><td></td></tr>
<tr><td>건강하지
않다 (14)</td><td>2.70
(.79)</td><td rowspan="4">Scheffe
(1, 4)
(1, 5)
(2, 3)
(2, 4)
(2, 5)
(3, 5)
(4, 5)</td><td>2.94
(.81)</td><td>11.33**</td><td>2.91
(84)</td><td>12.53**</td><td>2.75
(.94)</td><td>7.05**</td><td>2.83
(.71)</td><td>14.93**</td></tr>
<tr><td>보통
(149)</td><td>3.33
(.64)</td><td>2.99
(.58)</td><td rowspan="3">Scheffe
(2,5)
(3,5)
(4,5)</td><td>3.02
(.76)</td><td rowspan="3">Scheffe
(1, 5)
(2, 5)
(3, 5)
(4, 5)</td><td>3.01
(.94)</td><td rowspan="3">Scheffe
(2, 5)
(3, 5)
(4, 5)</td><td>3.09
(.63)</td><td rowspan="3">Scheffe
(1, 5)
(2, 5)
(3, 5)
(4, 5)</td></tr>
<tr><td>건강하다
(235)</td><td>3.48
(.67)</td><td>3.11
(.64)</td><td>3.22
(.71)</td><td>3.16
(.72)</td><td>3.24
(.58)</td></tr>
<tr><td>아주
건강하다
(98)</td><td>3.82
(.66)</td><td>3.50
(.65)</td><td>3.61
(.72)</td><td>3.49
(.71)</td><td>3.61
(.59)</td></tr>
<tr><td rowspan="5">진
로
기
대</td><td>매우
절망적
(11)</td><td>2.60
(.88)</td><td>19.71**</td><td>2.64
(.80)</td><td></td><td>2.75
(.84)</td><td></td><td>2.70
(.89)</td><td></td><td>2.67
(.77)</td><td></td></tr>
<tr><td>절망적
(23)</td><td>2.90
(.68)</td><td rowspan="4">Scheffe
(1, 3)
(1, 4)
(1, 5)
(2, 4)
(2, 5)
(3, 4)
(3, 5)</td><td>2.67
(.54)</td><td>24.50**</td><td>2.67
(.75)</td><td>23.17**</td><td>2.61
(.94)</td><td>18.46**</td><td>2.71
(.59)</td><td>29.95**</td></tr>
<tr><td>보통
(211)</td><td>3.34
(.64)</td><td>2.97
(.58)</td><td rowspan="3">Scheffe
(1, 5)
(2, 4)
(2, 5)
(3, 4)
(3, 5)
(4, 5)</td><td>3.00
(.75)</td><td rowspan="3">Scheffe
(1, 5)
(2, 4)
(2, 5)
(3, 4)
(4, 5)</td><td>2.99
(.84)</td><td rowspan="3">Scheffe
(1, 5)
(2, 4)
(2, 5)
(3, 4)
(3, 5)
(4, 5)</td><td>3.07
(.58)</td><td rowspan="3">Scheffe
(1, 4)
(1, 5)
(2, 4)
(2, 5)
(3, 4)
(3, 5)
(4, 5)</td></tr>
<tr><td>비교적
희망적
(160)</td><td>3.58
(.69)</td><td>3.20
(.60)</td><td>3.32
(.70)</td><td>3.21
(.72)</td><td>3.32
(.58)</td></tr>
<tr><td>매우
희망적
(94)</td><td>3.84
(.61)</td><td>3.61
(.64)</td><td>3.73
(.55)</td><td>3.70
(.57)</td><td>3.72
(.51)</td></tr>
</table>

$*p < .05, **p < .01$ (2-tailed)

라. 신세대 병사들의 인구사회학적 변인에 따른 군 생활 적응의 차이

본 연구대상자의 군 생활 적응의 하위요인별 수준의 차이를 알아보기 위해 인구사회학적 주요 배경변수인 계급, 가정형편, 건강, 진로에 대한 기대 등에 따라 각각 살펴보면 다음 <표 Ⅳ-6>과 같다.

군 생활 적응의 하위요인인 심신만족은 계급, 가정형편, 건강, 진로에 대한 기대에 따라 유의미한 차이를 보여 계급이 높을수록, 건강과 가정형편이 좋을수록, 진로가 희망적일수록 높게 인식하는 것으로 나타났다. 사후검증(Scheffe 검증)을 한 결과, 계급이 병장인 집단과 그 이하인 집단에서, 가정형편이 아주 어려운 집단과 보통 이상인 집단에서, 어렵거나 보통인 집단과 아주 넉넉한 집단에서, 건강상태가 아주 건강한 집단과 그 이하인 집단별로, 진로에 대한 기대가 매우 희망적, 희망적, 보통, 절망적, 아주 절망적인 집단별로 각각 유의한 차이가 나타났다.

또 다른 하위요인인 임무의지의 수준은 복무기간, 가정형편, 건강, 진로에 대한 기대에 따라 유의미한 차이를 보여 계급이 높을수록, 건강과 가정형편이 좋을수록, 진로가 희망적일수록 높게 인식하는 것으로 나타났다. 사후검증(Scheffe 검증)을 한 결과, 계급이 이병인 집단과 그 이상인 집단에서, 가정형편이 보통 이하로 어려운 집단과 아주 넉넉한 집단에서, 건강상태가 아주 건강한 집단과 그 이하 집단에서, 진로에 대한 기대가 보통, 절망적인 집단과 희망적, 아주 희망적인 집단사이에서 유의미한 차이가 나타났다.

  한편 직무만족의 수준은 복무기간, 가정형편, 건강, 진로에 대한 기대에 따라 유의미한 차이를 보여 계급이 높을수록, 건강과 가정형편이 좋을수록, 진로가 희망적일수록 높게 인식하는 것으로 나타났다. 사후검증(Scheffe 검증)을 한 결과, 계급이 병장인 집단과 이병, 일병, 상병인 집단에서, 가정형편이 아주 어려운 집단과 보통인 집단, 넉넉하거나 아주 넉넉한 집단에서, 건강상태가 아주 건강한 집단과 그 이하 집단에서, 진로에 대한 기대가 매우 희망적, 희망적, 보통, 절망적, 아주 절망적인 집단별로 각각 유의한 차이가 나타났다.

  조직만족의 수준은 계급, 가정형편, 건강, 진로에 대한 기대에 따라 유의미한 차이를 보여 계급이 높을수록, 건강과 가정형편이 좋을수록, 진로가 희망적일수록 높게 인식하는 것으로 나타났다. 사후검증(Scheffe 검증)을 한 결과, 계급이 병장인 집단과 이병, 일병, 상병인 집단에서, 가정형편이 아주 어려운 집단이나 보통인 집단과 넉넉하거나 아주 넉넉한 집단에서, 건강상태가 건강하지 않은 집단과 건강하거나 아주 건강한 집단에서, 진로에 대한 기대가 매우 희망적, 희망적, 보통, 절망적, 아주 절망적인 집단별로 각각 유의한 차이가 나타났다. 전체적으로 군 생활 적응은 계급, 가정형편, 건강, 진로에 대한 기대에 따라 유의미한 차이를 보여 계급이 높을수록, 건강과 가정형편이 좋을수록, 진로가 희망적일수록 높은 것으로 나타났다. 사후검증(Scheffe 검증) 결과, 이병, 일병과 상병, 상병과 병장인 계급들에서, 가정형편상으로는 아주 어려운 집단과 보통 이상의 넉넉한 집단, 아주 넉넉한 집단에서, 아주 건강한 집단과 비교적 건강하거나 그 이하인 집단에서, 진로가 희망적인 집단과 보통 이한 절망적인 집단사이에서 유의미한 차이가 나타났다.

<표 Ⅳ-6> 인구사회학적 변수들에 따른 군 생활 적응의 차이

변수	구분 (N)	심신만족 평균 (S. D)	t/F	임무의지 평균 (S. D)	t/F	직무만족 평균 (S. D)	t/F	조직만족 평균 (S. D)	t/F	군 생활 적응 전체 평균 (S. D)	t/F
계급	이병 (48)	3.14 (.94)	9.53** Scheffe (1, 4) (2, 4) (3, 4)	2.60 (.88)	5.92** Scheffe (1,2) (1,3) (1,4)	2.93 (.92)	12.08** Scheffe (1, 4) (2, 4) (3, 4)	2.58 (.97)	6.63** Scheffe (1, 4) (1, 5) (3, 4)	2.81 (.83)	10.93** Scheffe (1, 4) (2, 4) (3, 4)
	일병 (154)	3.43 (.74)		3.00 (.85)		3.19 (.84)		2.85 (.86)		3.12 (.69)	
	상병 (213)	3.39 (.74)		3.06 (.84)		3.11 (.78)		2.82 (.75)		3.09 (.65)	
	병장 (82)	3.79 (.51)		3.22 (.71)		3.67 (.67)		3.19 (.81)		3.47 (.57)	
가정형편	아주 어렵다 (24)	2.78 (.96)	10.61** Scheffe (1, 3) (1, 4) (1, 5) (2, 5) (3, 5)	2.49 (1.09)	6.28** Scheffe (1, 5) (2, 5) (3, 5)	2.57 (.71)	12.77** Scheffe (1, 3) (1, 4) (1, 5) (2, 5) (3, 5)	2.06 (.66)	21.45** Scheffe (1, 3) (1, 4) (1, 5) (2, 4) (2, 5) (3, 4) (3, 5)	2.47 (.70)	16.88** Scheffe (1, 3) (1, 4) (1, 5) (2, 4) (2, 5) (3, 5) (4, 5)
	어렵다 (50)	3.25 (.80)		2.86 (.84)		2.99 (.79)		2.58 (.77)		2.92 (.65)	
	보통 (242)	3.40 (.70)		2.99 (.87)		3.12 (.81)		2.73 (.76)		3.06 (.64)	
	넉넉하다 (136)	3.55 (.69)		3.04 (.70)		3.36 (.78)		3.13 (.79)		3.27 (.64)	
	아주 넉넉하다 (49)	3.83 (.76)		3.45 (.78)		3.74 (.74)		3.46 (.81)		3.62 (.66)	

*$p < .05$, **$p < .01$ (2-tailed)

변수	구분 (N)	심신만족 평균 (S. D)	t/F	임무의지 평균 (S. D)	t/F	직무만족 평균 (S. D)	t/F	조직만족 평균 (S. D)	t/F	군 생활 적응 전체 평균 (S. D)	t/F
건강	아주 건강하지 않다 (5)	2.60 (.83)	18.96** Scheffe (1, 5) (2, 3) (2, 4) (2, 5) (3, 4) (3, 5) (4, 5)	1.55 (.62)	15.12** Scheffe (1, 3) (1, 4) (1, 5) (2, 5) (3, 5) (4, 5)	1.97 (.38)	15.49** Scheffe (1, 4) (1, 5) (2, 4) (2, 5) (3, 5) (4, 5)	2.30 (.71)	15.61** Scheffe (2, 4) (2, 5) (3, 4) (3, 5) (4, 5)	2.11 (.41)	22.59** Scheffe (1, 4) (1, 5) (2, 4) (2, 5) (3, 4) (3, 5) (4, 5)
	건강하지 않다 (14)	2.48 (.89)		2.68 (1.19)		2.52 (.60)		2.07 (.61)		2.44 (.72)	
	보통 (149)	3.24 (.79)		2.78 (.82)		3.02 (.83)		2.61 (.88)		2.91 (.71)	
	건강하다 (235)	3.48 (.70)		3.03 (.79)		3.21 (.79)		2.91 (.73)		3.16 (.63)	
	아주 건강하다 (98)	3.82 (.49)		3.45 (.74)		3.64 (.71)		3.29 (.79)		3.55 (.53)	
진로기대	매우 절망적 (11)	2.60 (.88)	19.71** Scheffe (1, 3) (1, 4) (1, 5) (2, 4) (2, 5) (3, 4) (3, 5)	2.64 (.80)	24.50** Scheffe (1, 5) (2, 4) (2, 5) (3, 4) (3, 5) (4, 5)	2.75 (.84)	23.17** Scheffe (1, 5) (2, 4) (2, 5) (3, 4) (3, 5) (4, 5)	2.70 (.89)	18.46** Scheffe (1, 5) (2, 4) (2, 5) (3, 5) (4, 5)	2.67 (.77)	29.35** Scheffe (1, 4) (1, 5) (2, 4) (2, 5) (3, 4) (3, 5) (4, 5)
	절망적 (23)	2.90 (.68)		2.67 (.54)		2.67 (.75)		2.61 (.94)		2.71 (.59)	
	보통 (211)	3.34 (.64)		2.97 (.58)		3.00 (.75)		2.99 (.84)		3.07 (.58)	
	비교적 희망적 (160)	3.58 (.69)		3.20 (.60)		3.32 (.70)		3.21 (.72)		3.32 (.58)	
	매우 희망적 (94)	3.84 (.61)		3.61 (.64)		3.73 (.55)		3.70 (.57)		3.72 (.51)	

*p <.05, **p <.01 (2-tailed)(1)-(5), (2)-(4)

3. 주요변수들 사이의 상관관계

회귀분석을 하기 위해서는 독립변수들 간에 다중공선성
(multicollinearity)[3]이 높지 않아야 하며 오차항 간에 자기상
관이 없어야 한다. 따라서 독립변수들 사이의 전반적인 상관
관계 양상과 다중공선성이 존재할 가능성을 파악하기 위하여
Pearson 적률상관관계 계수를 확인한 결과는 <표 IV-7>과
같다. 분석결과 몇몇 독립변수의 상관계수가 비교적 높아서
가설검증을 위한 회귀분석 전의 사전검증으로 다중공선성 여
부를 살펴보았다. 분석결과, VIF 1~3 사이여서 다중공선성
은 없는 것으로 나타났다.

C. 가설검증

본 연구에서의 가설검증은 신세대 병사의 군 생활 스트
레스, 신세대 가치관, 정서적 환경지각이 신세대 병사의 군

---

3) 다중공선성(multicollinearity)이란 독립변수들 간의 선형관계를
   나타내는 것으로서 독립변수들 간의 높은 상호관련성으로 인
   해 종속변수에 미치는 각각의 영향을 구분하기 어려운 상황을
   의미한다. 다중공선성은 일반적으로 독립변수 간 상관관계가
   .80 이상인 경우 의심할 수 있다. 또한 다중공선성 진단은 회
   귀분석 시 VIF나 Tolerance의 수치를 보고하게 된다. 일반적
   으로 VIF 10 이상, Tolerance의 경우 .4 이하일 때 다중공선
   성이 존재함을 의심한다. (Allison, 1999, 김미옥 2001재인용)

생활 적응에 어떠한 영향을 미치는가에 관한 것이다. 연구 가설들을 검증하기 위하여 군 생활 스트레스, 신세대 가치관(개인주의/평등주의), 정서적 환경지각의 군 생활 적응에 대한 영향정도를 다중회귀 분석을 실행하여 검증하였다. 가설검증을 통한 다중회귀 분석에서 인구사회학 변수들의 영향을 통제한 상태에서 종속변수에 대한 영향을 알아보고자 하였다.

<표 Ⅳ-7> 주요변수들 사이의 상관분석

	1	2	3	4	5	6	7	8	9	10	11	12	13	14	15
1. 복무기간	1.00														
2. 가정형편	.074	1.00													
3. 건강	.148[**]	.460[**]	1.00												
4. 진로기대	.080	.474[**]	.551[**]	1.00											
5. 역할스트레스	-.200[**]	-.010	-.091[*]	-.052	1.00										
6. 관계스트레스	-.154[**]	-.093[*]	.008	-.005	.617[**]	1.00									
7. 외부스트레스	-.173[**]	-.012	-.056	-.051	.748[**]	.656[**]	1.00								
8. 직무스트레스	-.212[**]	-.054	-.054	-.047	.809[**]	.518[**]	.788[**]	1.00							
9. 개인주의	-.254[*]	-.243[**]	-.238[**]	-.226[**]	.350[**]	.176[**]	.224[**]	.266[**]	1.00						
10. 평등주의	-.239[**]	-.162[**]	-.098[*]	-.119[**]	-.255[**]	.071	.143[**]	.226[**]	.761[**]	1.00					
11. 응집성	.177[*]	.248[**]	.324[**]	.366[**]	-.115[**]	-.183[**]	-.109[*]	-.093[*]	-.275[**]	-.184[**]	1.00				
12. 신뢰성	.122[**]	.268[**]	.263[**]	.398[**]	-.154[**]	-.118[**]	-.040	-.125[**]	-.257[**]	-.244[**]	.647[**]	1.00			
13. 지원성	-.171[**]	.289[**]	.293[**]	.388[**]	-.208[**]	-.169[**]	-.125[**]	-.165[**]	-.286[**]	-.241[**]	-.682[**]	.793	1.00		
14. 인정성	-.171[**]	-.283[**]	.225[**]	.346[**]	-.172[**]	-.009	-.086	-.153[**]	-.258[**]	-.262[**]	.460[**]	.609[**]	.780[**]	1.00	
15. 군 생활 적응	.169[**]	.339[**]	.388[**]	.453[**]	-.259[**]	.-131[**]	-.194[**]	-.262[**]	-.337[**]	-.305[**]	.541[**]	.598[**]	.613[**]	579[**]	1.00

1. 군 생활 스트레스, 신세대 가치관, 정서적 환경 지각과 군 생활 적응에 관한 가설검증

> 【가설 1】 신세대 병사의 군 생활 스트레스는 군 생활 적응에 영향을 미칠 것이다.

생활 스트레스가 신세대 병사들의 군 생활 적응에 미치는 상대적 영향력을 알아보고자 다중회귀 분석을 실시한 결과는 <표 Ⅳ-8>과 같다. 투입된 통제변수들은 복무기간, 가정형편, 건강, 진로기대 등 4개 변수였다.

분석결과 군 생활 스트레스는 Beta 값 -.212로 나타나서 신세대 병사의 스트레스는 군 생활 적응에 유의미한 부적 영향을 미치는 것으로 조사되었다. 이러한 결과는 군 생활 스트레스가 한 단위 증가할 때마다 군 생활 적응이 .212만큼 감소한다는 것을 의미하는 것이다. 이는 군 생활 스트레스가 높을수록 병사들의 군 생활 적응은 낮아짐을 알 수 있다. 인구사회학적 통제변수로 신세대 병사의 가정형편, 건강, 진로기대가 유의미한 정적 영향을 미치는 변수로 나타났다. 즉 병사들이 가정형편이 좋을수록, 건강상태가 좋을수록, 진로에 대한 기대가 희망적일수록 군 생활 적응에 정적 영향을 미침을 알 수 있다. 군부대라는 사회는 신체적인 에너지를 많이 쏟아야 하는 곳으로 병사들의 양호한 건강이 아주 중요한 요소임을 알 수 있다. 또 병사들의 연령상 진로는 아주 중요한 문제이므로 희망적인 진로기대는 병사들의 군 생활을 긍정적으로 할 수 있게 하는 요소가 될 것이다. 또 군복무 중 가정이 경제적으로 안정되어 있는 것이 군 생활 적응에 긍정적 영향을 미침을 알 수 있다. 군 생활 스트레스 변인이 포함된 모델의 전체 설명력은 29.2%였다. 이러한 결과에 근거하여 <가설 1>은 지지되었다.

<표 Ⅳ-8> 군 생활 스트레스가 군 생활 적응에 미치는 영향

변인	B	SE	β
(Constant)	1.973***		
독립변수			
군 생활 스트레스	− .187	.034	− .212***
통제변수			
복무기간	4.189E-02	.023	.072
가정형편	9.203E-02	.033	.125***
건강	.120	.040	.141***
진로기대	.226	.036	.300***
R-Square	.299		
Adj R-Square	.292		
F	42.018***		

*p<.05 **p<.01 ***p<.001 (2-tailed)

【가설 2】 신세대 병사의 신세대 가치관(개인주의/평등
주의)은 군 생활 적응에 영향을 미칠 것이다

개인주의/평등주의 가치관이 군 생활 적응에 미치는 상대적 영향력을 알아보고자 다중회귀 분석을 실시한 결과는 <표 Ⅳ-9>와 같다. 투입된 통제변수들은 복무기간, 가정형편, 건강, 진로기대 등 4개 변수였다.

가설검증을 위한 회귀분석 전의 사전검증으로 다중공선성 여부를 살펴본 결과, VIF 1~3 사이여서 다중공선성은 없는 것으로 나타났다.

분석결과 평등주의 가치관의 Beta 값은 −.178로 유의미한 부적인 영향을 미치는 것으로 나타났으며 개인주의 가치관의 값은 유의미하지 않음을 볼 수 있다. 평등주의 가치관은 권위적이고 수직위계적인 성향이 강한 군 생활에 부정적인 영향을 미치며 따라서 군 생활 적응에 불리한 영향을 미침을 알 수 있다. 인구사회학적 통제변수로 건강, 진로기대가 유의미한 정적인 영향을 미치는 변인으로 조사되었다. 전체 설명력은 29.5%이었다. 따라서 집단적이고 권위적인 수직명령하달체계인 군대의 특성상 개인주의적이고 평등주의가치를 추구하는 신세대 병사들은 군 생활 적응에 어려움을 가지게 될 것으로 보인다. 이러한 결과는 신세대의 개인주의 가치관이 높을수록 군 생활 적응이 어렵고, 직무만족도가 낮아지며 또 군 리더십과 갈등이 많아진다는(최건용, 1999; 신언필, 1999; 최문구, 1999) 연구 결과와도 일치한다. 한편

건강, 진로기대는 군 생활 적응과 유의미한 정적 영향을 미치는 것으로 나타났다. 건강상태가 좋을수록 진로에 대한 기대가 희망적일수록 군 생활 적응에 유리한 영향을 미침을 알 수 있다. 따라서 가설 2, 즉 신세대 가치관의 개인주의/평등주의 가치관이 군 생활 적응에 영향을 미칠 것이라는 가설은 부분적으로 지지되었다.

<표 Ⅳ-9> 신세대 가치관(개인주의/평등주의)이
군 생활 적응에 미치는 영향

변인	b	SE B	Beta	Tolerance	VIF
(Constant)	2.410***	.263			
독립변수					
개인주의	−8.42E-02	.080	−.064	.388	2.580
평등주의	−.175	.058	−.178***	.411	2.431
통제변수					
복무기간	3.474E-02	.023	.059	.915	1.093
가정형편	6.231E-02	.033	.085	.706	1.418
건강	.124	.040	.146***	.624	1.602
진로기대	.220	.036	.292***	.630	1.587
R-Square			.304		
Adj R-Square			.295		
F			35.765***		

*p<.05 **p<.01 ***p<.001 (2-tailed)

【가설 3】 신세대 장병의 정서적 환경지각은 군 생활
적응에 영향을 미칠 것이다

정서적 환경지각이 군 생활 적응에 미치는 상대적 영향력을 알아보고자 다중회귀 분석을 실시한 결과는 <표 Ⅳ-10>과 같다. 투입된 통제변수들은 복무기간, 가정형편, 건강, 진로기대 등 4개 변수였다.

분석결과 정서적 환경지각 전체는 Beta 값 .589로 나타나서 신세대 병사의 정서적 환경지각은 군 생활 적응에 유의미한 정적 영향을 미치는 것으로 조사되었다. 이러한 결과는 정서적 환경지각이 한 단위 증가할 때마다 군 생활 적응이 .589만큼 증가한다는 것을 의미하는 것이다. 이는 정서적 환경지각이 높을수록 병사들의 군 생활 적응은 높아짐을 알 수 있다. 통제변수로 건강, 진로기대가 유의미한 정적인 영향을 미치는 변수로 나타났다. 정서적 환경지각 변인이 포함된 모델의 전체 설명력은 51.9%이었다. 따라서 가설 3, 즉 정서적 환경지각이 높을수록 신세대 병사의 군 생활 적응은 높아질 것이라는 가설은 지지되었다.

<표 Ⅳ-10> 정서적 환경지각이 군 생활 적응에 미치는 영향

변인	B	SE	β
(Constant)	.212		
독립변수			
정서적 환경지각	.639	.038	.589[***]
통제변수			
복무기간	1.897E-02	.019	.032
가정형편	3.324E-02	.027	.045
건강	9.507E-02	.033	.112[***]
진로기대	8.499E-02	.031	.113[***]
R-Square	.524		
Adj R-Square	.519		
F	108.523[***]		

[*]p<.05 [**]p<.01 [***]p<.001 (2-tailed)

군 생활 스트레스, 개인주의 가치관, 평등주의 가치관, 정
서적 환경지각의 전체변인들을 동시 투입하여 군 생활 적
응에의 영향력을 살펴본 결과는 <표 Ⅳ-11>과 같다. 가설
검증을 위한 회귀분석 전의 사전검증으로 다중공선성 여부
를 살펴본 결과, VIF 1~3 사이여서 다중공선성은 없는 것
으로 나타났다

분석결과 군 생활 적응에 유의미한 영향을 미치는 변수는
군 생활 스트레스, 평등주의 가치관, 정서적 환경지각, 통제
변수 중 건강, 진로기대이었다. 이는 군 생활 스트레스가 낮

고, 평등주의 가치관이 낮으며 정서적 환경지각이 높고 건강이 좋으며 진로기대가 희망적일수록 병사들의 군 생활 적응은 높아짐을 의미한다. 전체 변인이 포함된 모델의 전체 설명력은 54.4%이었다. 군 생활 스트레스만 투입된 모델의 설명력 29.2%보다 25.2% 상승했고, 개인주의/평등주의 가치관이 투입된 모델의 설명력 29.5%에 비해 24.9% 상승하였으며, 정서적 환경지각이 투입된 모델의 설명력 51.9%에 비해 2.5% 상승한 것이다.

<표 IV-11> 전체변인이 동시에 군 생활 적응에 미치는 영향

변인	B	SE	β	Tolerance	VIF
(Constant)	1.037[**]				
독립변수					
군 생활 스트레스	−.115	.029	−.131[***]	.877	1.140
개인주의 가치관	3.671E-02	.065	.028	.370	2.697
평등주의 가치관	−.116	.047	−.118[*]	.407	2.457
정서적 환경지각	.595	.038	−.548[***]	.730	1.369
통제변수					
복무기간	−.6.42E-03	.019	−.011	.887	1.127
가정형편	3.218E-02	.027	.044	.696	1.436
건강	9.884E-02	.032	.117[**]	.623	1.606
진로기대	8.905E-02	.030	.118[**]	.581	1.723
R-Square	.551				
Adj R-Square	.544				
F	75.215[***]				

┌───┐
│ 【가설 4】 신세대 병사의 군 생활스트레스와 정서적 환 │
│   경지각은 군 생활 적응에 상호작용 효과를   │
│   미칠 것이다.   │
└───┘

정서적 환경지각이 군 생활 적응에의 독립적 영향력보다 군 생활 스트레스나 신세대 가치관과의 상호작용을 통해 군 생활 적응을 보다 잘 설명하는지를 검증해 보고자 한다.

<표 Ⅳ-12>의 모델 [1]에서 군 생활 적응에 통계적으로 유의미한 영향을 미치는 변인은 군 생활 스트레스와 정서적 환경지각, 통제변인 중 건강과 진로기대로 나타났으며 모델의 설명력은 53.7%로 매우 높게 나타나고 있다. 군 생활 스트레스와 정서적 환경지각의 상호작용 변수를 포함하고 있는 모델 [2]는 군 생활 스트레스와 통제변인인 건강과 진로기대는 여전히 유의미한 변수이나, 정서적 환경지각은 군 생활 적응에 영향을 미치지 않는 변수로 나타나고 있다. 또한 모델 [1]과 비교할 때 모델 [2]의 설명력은 55.5%로 1.8% 상승하였음을 알 수 있다. 따라서 군 생활 스트레스와 정서적 환경지각 전체의 상호작용 변수가 통계적으로 유의 미하게 군 생활 적응에 영향을 미치고 있음을 알 수 있었 다. 따라서 군 생활 스트레스는 군 생활 적응에 직접적인 부적 영향을 미치지만 정서적 환경지각의 상호작용 효과에 의하여 정적인 영향을 미칠 수 있음을 알게 해준다.

<표 IV-12> 군 생활 적응에 대한 군 생활 스트레스와
정서적 환경지각의 상호작용 효과

변인	모델 [1]			모델 [2]		
	B	SE	β	B	SE	β
(Constant)	.688***			2.789***		
독립변수						
군 생활 스트레스	−.124	.028	−.141***	−.762	−.863***	.141
정서적 환경지각	.616	.038	.567***	3.457E-02	.032	.131
통제변수						
복무기간	3.418E-03	.99	.006	−6.90E-03	−.012	.98
가정형편	3.917E-02	.027	.053	3.536E-02	.048	.026
건강	9.296E-02	.032	.110**	8.902E-02	.105**	.032
진로기대	8.677E-02	.030	.115**	6.758E-02	.090*	.030
조절변수						
군 생활스트레스* 정서적 환경지각				.189	.841***	.041
R-Square	.542			.561		
Adj R-Square	.537			.555		
R²change				.018		
F	97.208***			87.786***		

*p<.05 **p<.01 ***p<.001 (2-tailed)

군 생활 스트레스에 대해 정서적 환경지각이 군 생활 적
응에 대해 상호작용 효과가 있는지를 확인하기 위해 그래
프로 다시 검증하였다. <그림 2>를 보면, 정서적 환경지각

이 낮은 집단은 군 생활 스트레스가 높아졌을 때 군 생활 적응도가 크게 하락한 반면, 정서적 환경지각이 높은 집단은 군 생활 스트레스가 높아지더라도 군 생활 적응도가 하락하지 않았다. 이러한 결과는 정서적 환경지각이 높을수록 군 생활 스트레스가 군 생활 적응도에 미치는 부정적 영향을 완충할 것이라는 연구가설과 일치한다.

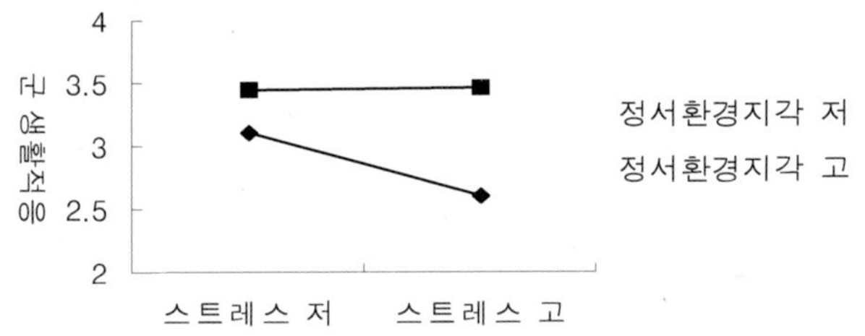

<그림 2> 정서적 환경지각 집단별 스트레스 수준에 따른 군 생활 적응

따라서 신세대 병사의 군 생활 스트레스와 군 생활 적응의 관계는 정서적 환경지각에 의해 조절 될 것이라는【가설 4】는 지지되었다.

> **【가설 5】** 신세대 병사의 신세대 가치관(개인주의/평등주의)과 정서적 환경지각은 군 생활 적응에 상호작용 효과를 미칠 것이다.

신세대 가치관과 정서적 환경지각의 상호작용 효과를 보기 위해 신세대 가치관 중 개인주의 가치관과 평등주의 가치관을 나누어 살펴보았다. 신세대 가치관 중 개인주의 가치관과 정서적 환경지각과의 관계를 먼저 살펴보면 <표 Ⅳ-13>과 같다. 먼저 상호작용 변수가 포함되지 않고 개인주의 가치관과 정서적 환경지각 변수로 구성된 모델 [1]은 개인주의 가치관. 정서적 환경지각, 통제변인 중 건강, 진로기대가 유의미한 변수로 채택되었고 그 설명력은 52.6%로 매우 높게 나타나고 있다. 이러한 결과는 건강상태가 좋고, 진로기대가 희망적이며, 정서적 환경지각이 높고, 개인주의 가치관이 낮을수록 군 생활 적응을 잘 할 수 있음을 제시해준다.

개인주의 가치관과 정서적 환경지각 전체의 상호작용 변수를 포함한 모델 [2]는 개인주의 가치관, 통제변수 중 건강과 진로기대는 여전히 유의미한 변수이나, 정서적 환경지각 전체는 군 생활 적응에 영향을 미치지 않는 것으로 조사되었다. 그 설명력을 보면 53.2%로 모델 [1]보다 0.6%만큼 상승하여 개인주의 가치관과 정서적 환경지각 전체의 상호작용 변수가 군 생활 적응에 영향을 주는 변수임을 알 수 있게 해준다. 따라서 개인주의 가치관은 군 생활 적응에 직접적인 부적영향을 미치지만 정서적 환경지각 전체와의 상호작용 효과에 의하여 정적인 영향을 미칠 수 있음을 알게 해준다.

<표 Ⅳ-13> 군 생활 적응에 대한 개인주의 가치관과
정서적 환경지각의 상호작용 효과

변인	모델 [1]			모델 [2]		
	B	SE	β	B	SE	β
(Constant)	.761**			2.537**		
독립변수						
개인주의 가치관	−.124	.045	−.094**	−.666	.196	−.506**
정서적 환경지각	.618	.039	.569***	.113	.182	.104
통제변수						
복무기간	7.919E-03	.019	.014	3.002E-03	.019	.005
가정형편	2.516E-02	.027	.034	2.453E-02	.027	.033
건강	8.901E-02	.033	.105**	8.396E-02	.033	.099*
진로기대	8.332E-02	.030	.111**	8.090E-02	.030	.108**
조절변수						
개인주의가치관* 정서적 환경지각				.160	.056	.523***
R-Square	.531			.539		
Adj R-Square	.526			.532		
R²change				.006		
F	97.208***			81.997***		

*p<.05 **p<.01 ***p<.001 (2-tailed)

개인주의 가치관에 대해 정서적 환경지각이 군 생활 적
응에 대해 상호작용 효과가 있는지를 확인하기 위해 그래
프로 다시 검증하였다. <그림 3>을 보면, 정서적 환경지각
이 낮은 집단은 정서적 환경지각이 높은 집단에 비해 신세
대의 개인주의 가치관 수준이 높아졌을 때 군 생활 적응도
가 큰 폭으로 떨어졌다. 이것은 정서적 환경지각이 높을수
록 신세대의 개인주의 가치관이 군 생활 적응도에 미치는
부정적 영향을 조절할 것이라는 연구가설을 만족시킨다. 따
라서 <가설 5>는 지지되었다.

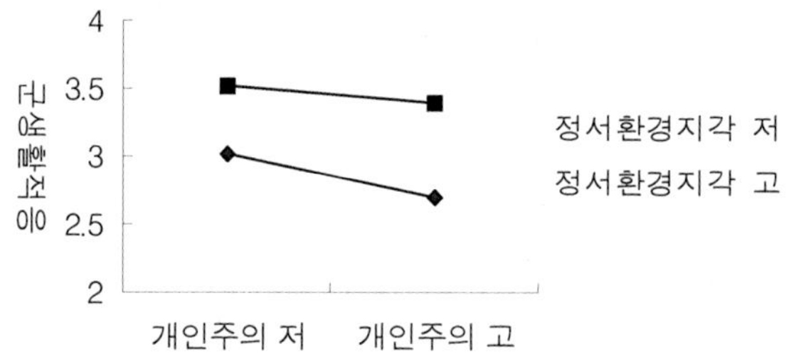

<그림 3> 정서적 환경지각 집단별 개인주의
가치관 수준에 따른 군 생활 적응

다음은 신세대 가치관 중 평등주의 가치관과 군 생활 적응
에 영향을 미치는 정서적 환경지각의 상호작용 효과를 분석
해보았다. 분석 결과는 <표 Ⅳ-14>와 같다. 상호작용 변수
가 포함되지 않고 평등주의 가치관과 정서적 환경지각 전체
변수로 구성된 모델 [1]은 평등주의 가치관. 정서적 환경지각

전체, 통제변인 중 건강, 진로기대가 유의미한 변수로 채택되었고 그 설명력은 53.1%로 매우 높게 나타나고 있다.

평등주의 가치관과 정서적 환경지각 전체의 상호작용 변수를 포함한 모델 [2]는 평등주의 가치관, 통제변수 중 건강과 진로기대는 여전히 유의미한 변수이나, 정서적 환경지각 전체는 군 생활 적응에 영향을 미치지 않는 것으로 조사되었다. 그 설명력을 보면 53.4%로 모델 [1]보다 0.3%만큼 상승하여 평등주의 가치관과 정서적 환경지각 전체의 상호작용 변수가 군 생활 적응에 영향을 주는 변수임을 알 수 있게 해준다. 따라서 평등주의 가치관은 군 생활 적응에 직접적인 부적영향을 미치지만 정서적 환경지각 전체와의 상호작용 효과에 의하여 정적인 영향을 미칠 수 있음을 알게 해준다. 따라서 <가설 5>는 지지되었다.

<표 Ⅳ-14> 군 생활 적응에 대한 평등주의 가치관과
정서적 환경지각의 상호작용 효과

변인	모델 [1]			모델 [2]		
	B	SE	β	B	SE	β
(Constant)	.755**			1.904**		
독립변수						
평등주의 가치관	−.116	.032	−.118***	−.435	.152	−.443**
정서적 환경지각	.611	.039	.562***	.289	.154	.266
통제변수						
복무기간	4.801E−03	.019	.008	1.699E−03	.019	.003
가정형편	2.433E−02	.027	.033	2.455E−02	.027	.033
건강	9.900E−02	.033	.117**	9.444E−02	.033	.112**
진로기대	8.609E−02	.030	.116**	8.792E−02	.030	.117**
조절변수						
평등주의가치관* 정서적 환경지각				9.202E−02	.043	.381*
R-Square	.536			.540		
Adj R-Square	.531			.534		
R²change				.003		
F	94.785***			82.501***		

*p<.05 **p<.01 ***p<.001 (2-tailed)

평등주의 가치관에 대해 정서적 환경지각이 군 생활 적
응에 대해 상호작용 효과가 있는지를 확인하기 위해 그래
프로 다시 검증하였다. <그림 4>를 보면, 정서적 환경지각

이 낮은 집단은 정서적 환경지각이 높은 집단에 비해 신세
대의 평등주의 가치관 수준이 높아졌을 때 군 생활 적응도
가 큰 폭으로 떨어졌다. 이것은 정서적 환경지각이 높을수
록 신세대의 평등주의 가치관이 군 생활 적응도에 미치는
부정적 영향을 조절할 것이라는 연구가설을 만족시킨다.

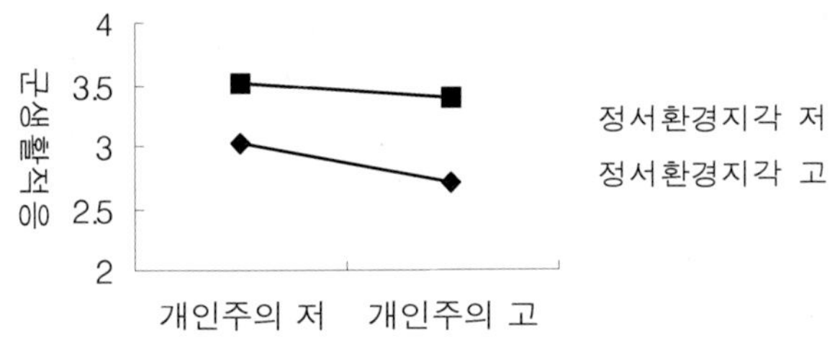

<그림 4> 정서적 환경지각 집단별 평등주의 가치관
수준에 따른 군 생활 적응도

다음은 개인주의 가치관과 평등주의가치관을 동시에 투
입하여 군 생활 적응에 영향을 미치는 정서적 환경지각의
상호작용 효과를 분석해보았다.

분석 결과는 <표 Ⅳ-15>와 같다. 상호작용 변수가 포함
되지 않고 개인주의/평등주의 가치관과 정서적 환경지각 변
수로 구성된 모델 [1]은 평등주의 가치관. 정서적 환경지각,
통제변인 중 건강, 진로기대가 유의미한 변수로 채택되었고
그 설명력은 53%로 매우 높게 나타나고 있다.

개인주의 가치관 및 평등주의 가치관과 정서적 환경지각

의 상호작용 변수를 동시에 포함한 모델 [2]는 통제변수 중 건강과 진로기대는 여전히 유의미한 변수이나, 모델 [1]에서 유의미했던 평등주의 가치관, 정서적 환경지각 변인은 유의미하지 않은 변수로 나타났으며 모델 [1]에서 유의미하지 않았던 개인주의 가치관은 유의미하게 나타났다. 또 개인주의 가치관과 정서적 환경지각의 상호작용 변인이 유의미한 변수로 나타났다. 그 설명력을 보면 53.8%로 모델 [1]보다 0.8%만큼 상승하여 개인주의 가치관과 정서적 환경지각 전체의 상호작용 변수가 군 생활 적응에 영향을 주는 변수임을 알 수 있게 해준다. 따라서 <가설 5>는 부분적으로 지지되었다.

<표 Ⅳ-15> 개인주의/평등주의 가치관과 정서적 환경 지각과의 상호작용이 동시에 군 생활 적응에 미치는 영향

변인	모델 [1]			모델 [2]		
	B	β	SE	B	β	SE
(Constant)	.786**			2.836**		
독립변수						
개인주의 가치관	−1.62E-02	−.012	.065	−.668	−.507*	.267
평등주의 가치관	−.107	−.109*	.047	−8.36E-02	−.085	.206
정서적 환경지각	.610	.562***	.039	2.517E-02	.023	.186
통제변수						
복무기간	4.413E-03	.008	.019	−2.16E-03	−.004	.019
가정형편	2.393E-02	.033	.027	2.280E-02	.027	.027
건강	9.900E-02	.116**	.033	9.474E-02	.112**	.033
진로기대	8.609E-02	.115**	.030	8.420E-02	.112**	.030
조절변수						
개인주의가치관* 정서적 환경지각				.201	.658*	.081
평등주의가치관* 정서적 환경지각				−1.51E-02	−.063	.061
R-Square	.536			.546		
Adj R-Square	.530			.538		
R^2change				.008		
F	81.098***			65.436***		

*p<.05 **p<.01 ***p<.001 (2-tailed)

군 생활 스트레스, 개인주의 가치관, 평등주의 가치관과 정서적 환경 지각과의 상호작용 항 전체를 동시 투입하여 군 생활 적응에의 영향력을 살펴본 결과는 <표 Ⅳ-17>과 같다. 각 상호작용 변수를 동시에 투입하여 중 다 회귀분석을 한 결과, 군 생활 스트레스, 군 생활 스트레스와 정서적 환경지각의 상호작용 변수, 통제변인 중 건강과 진로기대가 통계적으로 유의미한 수준에서 군 생활 적응에 정적 영향이 있음을 알 수 있었다. 기본모델과 비교하여 설명력은 56.1%로 1.7% 증가하였다.

<표 Ⅳ-16> 전체 모델 검증

변인	모델 [1]			모델 [2]		
	B	β	SE	B	β	SE
(Constant)	1.037***			3.612***		
독립변수						
군 생활 스트레스	−.115	−.131***	.029	−.652	−.739***	.154
개인주의 가치관	3.671E-02	.028	.065	−.376	−.285	.271
평등주의 가치관	−.116	−.118*	.047	3.615E-02	.037	.203
정서적 환경지각	.595	.548***	.038	−.127	−.117	.028
통제변수						
복무기간	−6.42E-03	−.011	.019	−1.75E-02	−.030	.019
가정형편	3.218E-02	.044	.027	2.813E-02	.038	.026
건강	9.884E-02	.117**	.032	9.432E-02	.111**	.032
진로기대	8.905E-02	.118**	.030	7.058E-02	.094*	.030
조절변수						
군 생활스트레스* 정서적 환경지각				.160	.711***	.045
개인주의가치관* 정서적 환경지각				.123	.403	.082
평등주의가치관* 정서적 환경지각				−4.55E-02	−.189	.060
R-Square	.551			.571		
Adj R-Square	.544			.561		
R^2change				.017		
F	75.215***			58.929***		

*p<.05 **p<.01 ***p<.001 (2-tailed)

Ⅴ. 결론 및 제언

군대는 국가의 안전을 보호하는 것을 그 기능으로 하는 조직으로 국가안전보호의 기능과 역할을 수행하기 위해 한 나라의 무력적 요소를 다루는 집단으로서의 특성으로 인해 권위주의, 획일성, 집단성, 형식주의, 경직성 등의 특성을 가지고 있어 민주주의, 다양성, 개인성, 실용주의, 유연성 등을 특징으로 하는 민간 사회조직과 여러 측면에서 다른 특성을 가지고 있다. 또한 변화된 사회 환경 속에서 성장한 병사들은 과거와는 다른 성향을 갖고 있다. 비교적 높은 교육수준과 생활의 풍요를 경험한 '신세대'의 성향은 군사적 가치와 상충하는 면이 많다. 일반적으로 자기중심적이며 자유롭고 개성적인 삶을 추구하는 20대 초반의 젊은이들을 이른바 신세대라 지칭하고 있는데 이기적이고 편안한 것만을 추구하며 체력이 약하고 인내심이 없다는 부정적인 측면과 합리적이고 전문성과 실질을 추구하며 새로운 사회변혁의 주체라고 보는 긍정적인 측면이 존재한다.

이들 신세대 병사들은 통제된 계급 사회인 군 조직에서 상하 계급 간의 갈등, 업무에 따른 갈등, 단체생활과 억압된 자유에서 오는 갈등 등의 여러 형태의 갈등을 겪고 있으며 이에 따른 불평불만으로 인해 군 조직 내의 사기저하 및 부적응을 가져오고 급기야는 정신전력의 하락이라는 치명적인 결과를 가져올 수 있다.

　지금까지 군과 관련된 연구를 살펴보면 직업군인, 상관의 리더십, 장병의 스트레스, 정신건강, 직무만족, 갈등에 관한 연구들이 수행되어 왔다. 하지만 신세대 병사의 독특한 특성을 고려하지 않은 연구가 대부분이다.

　이에 본 연구는 우리나라 군부대의 생활환경 특성 및 신세대 젊은이들의 가치관이 맞물려 이로 인해 군 생활을 하는 신세대 병사들이 일상적으로 겪고 있는 스트레스 및 군 생활 적응상태를 파악하고자 한다. 그리고 신세대의 가치관과 군 생활 스트레스가 신세대 병사들의 군 생활 적응에 영향을 미치는 정도를 파악한 후 신세대 가치관 및 군 생활 스트레스와 군 생활 적응 간의 역동적 과정을 탐색하였다.

　조사방법은 자기보고식 설문조사를 이용하였다. 연구대상을 선정하는데 있어서는 군대의 보안과 기밀누설금지의 규정으로 인하여 설문조사가 허락된 부대 두 곳 (△△사단 430명)과 (△△사단 100명) 등 사병 530명을 조사대상으로 선정하였다. 수거된 설문지 중 501개가 분석에 사용되었다.

　본 연구는 군부대 병사들의 군 생활 적응에 관한 선행연구의 결과를 보완하여 군 생활 스트레스와 신세대 가치관인 개인주의, 평등주의 가치관, 정서적 환경지각은 군 생활 적응에 직접적인 영향을 미치며, 정서적 환경지각은 신세대 병사들의 군 생활 스트레스와 군 생활 적응, 또 신세대 가치관(개인주의/평등주의)과 군 생활 적응사이에서 상호작용 효과를 미칠 것으로 연구모형을 설계하였다.

A. 분석결과의 요약

1. 연구대상의 인구사회학적 특성에 따른 측정변인의 차이

연구대상의 인구사회학적인 특성에 따라 측정변인별로 차이가 있는 지를 살펴보고자 F 검증을 실시한 결과, 군 생활 스트레스는 계급, 가정형편, 건강, 진로에 대한 기대에 따라 유의미한 차이를 보여 계급이 낮을수록, 건강과 가정형편이 좋지 않을수록, 진로가 희망적이지 않을수록 군 생활 스트레스는 높은 것으로 나타났다.

또한 신세대 가치관 중 개인주의 가치관은 계급, 가정형편, 건강, 진로에 대한 기대에 따라 유의미한 차이를 보였고, 평등주의 가치관은 계급, 가정형편, 진로기대에 따라 유의미한 차이를 보였다.

정서적 환경지각은 계급, 가정형편, 건강, 진로에 대한 기대에 따라 유의미한 차이를 보여 계급이 높을수록, 건강과 가정형편이 좋을수록, 진로가 희망적일수록 부대의 정서적 환경 지각은 높은 것으로 나타났다. 군 생활 적응은 계급, 가정형편, 건강, 진로에 대한 기대에 따라 유의미한 차이를 보여 계급이 높을수록, 건강과 가정형편이 좋을수록, 진로가 희망적일수록 높은 것으로 나타났다

2. 가설검증결과

본 연구에서의 가설 검증은 신세대 병사의 군 생활 스트레스, 신세대 가치관(개인주의/평등주의), 정서적 환경지각이 신세대 병사의 군 생활 적응에 어떠한 영향을 미치는가에 관한 것이다. 연구 가설들을 검증하기 위하여 군 생활 스트레스, 신세대 가치관 중 개인주의, 평등주의 가치관, 정서적 환경지각의 군 생활 적응에 대한 영향정도를 다중회귀 분석을 실행하여 검증하였다.

가. 군 생활 스트레스, 신세대 가치관(개인주의/평등주의), 정서적 환경지각과 군 생활 적응에 관한 가설검증

연구 가설들을 검증하기 위하여 군 생활 스트레스, 신세대 가치관(개인주의, 평등주의)과 정서적 환경지각을 다중회귀 분석을 통하여 검증하였다. 다중회귀 분석에 투입된 통제변수들은 복무기간, 가정형편, 건강, 진로기대 등 4개 변수였다. 군 생활 스트레스가 신세대 병사들의 군 생활 적응에 미치는 상대적 영향력을 알아보고자 다중회귀 분석을 실시한 결과 군 생활 스트레스는 Beta 값 -.212로 나타나서 신세대 병사의 스트레스는 군 생활 적응에 유의미한 부적 영향을 미치는 것으로 나타났다. 즉 군 생활 스트레스가 높을수록 병사들의 군 생활 적응은 낮아짐을 알 수 있다. 인구사회학적 통제변수로 신세대 병사의 가정형편, 건강, 진로기대가 유의미한 정적 영향을 미치는 변수로 나타났다. 즉 병사들의 가정형편이 좋을수록, 건강상태가 좋을수록, 진로에 대한 기대가 희망적일수록 군 생활 적응에 정적 영향을 미침을 알 수 있다. 군 생활 스트레스 변인이 포함된 모델의 전체 설명력은 29.2%였다. 따라서 군 생활 스트레스가 군 생활 적응에 영향을 미칠 것이라는 가설은 지지되었다.

신세대 병사의 개인주의/평등주의 가치관이 군 생활 적응에 미치는 상대적 영향력을 알아본 결과 평등주의 가치관의 Beta 값은 −.178로 유의미한 부적인 영향을 미치는 것으로 나타났으며 개인주의 가치관의 값은 유의미하지 않음을 볼 수 있다. 인구사회학적 통제변수로 건강, 진로기대가 유의미한 정적인 영향을 미치는 변인으로 조사되었다. 전체 설명력은 29.5%이었다. 따라서 신세대 가치관의 개인주의/평등주의 가치관이 군 생활 적응에 영향을 미칠 것이라는 가설은 부분적으로 지지되었다.

정서적 환경지각이 군 생활 적응에 미치는 상대적 영향력을 알아본 결과 정서적 환경지각 전체는 Beta 값 .589로 나타나서 신세대 병사의 정서적 환경지각은 군 생활 적응에 유의미한 정적 영향을 미치는 것으로 조사되었다. 즉 정서적 환경지각이 높을수록 병사들의 군 생활 적응은 높아짐을 알 수 있다. 통제변수로 건강, 진로기대가 유의미한 정적인 영향을 미치는 변수로 나타났으며 정서적 환경지각 변인이 포함된 모델의 전체 설명력은 51.9%이었다. 따라서 정서적 환경지각이 높을수록 신세대 병사의 군 생활 적응은 높아질 것이라는 가설은 지지되었다.

군 생활 스트레스, 개인주의 가치관, 평등주의 가치관, 정서적 환경지각의 전체변인들을 동시 투입하여 군 생활 적응에의 영향력을 살펴본 결과 군 생활 적응에 유의미한 영향을 미치는 변수는 군 생활 스트레스, 평등주의 가치관, 정서적 환경지각, 통제변수 중 건강, 진로기대이었다. 이는 군 생활 스트레스가 낮고, 평등주의 가치관이 낮으며 정서적 환경지각이 높고 건강이 좋으며 진로기대가 희망적일수록 병사들의 군 생활 적응은 높아짐을 의미한다. 전체 변인이 포함된 모델의 전체 설명력은 54.4%이었다. 군 생활 스트레스만 투입된 모델의 설명력 29.2%보다 25.2% 상승했고, 개인주의/평등주의 가치관이 투입된 모델의 설명력 29.5%에 비해 24.9% 상승하였으며, 정서적 환경지각이 투입된 모델의 설명력 51.9%에 비해 2.5% 상승한 것이다.

따라서 군 생활 스트레스, 신세대 가치관(개인주의/평등주의), 정서적 환경지각은 모두 군 생활 적응에 직접적 영향을 미치는 주 효과(main effect)가 있음을 제시해준다.

나. 군 생활 적응에 대한 군 생활 스트레스와 정서적 환경지각의 상호작용 효과에 관한 가설검증

정서적 환경지각이 군 생활 적응에의 독립적 영향력보다 군 생활 스트레스나 신세대 가치관과의 상호작용을 통해 군 생활 적응을 보다 잘 설명하는지를 검증해 보고자 한다.

기본 모델 [1]에서 군 생활 적응에 통계적으로 유의미한 영향을 미치는 변인은 군 생활 스트레스와 정서적 환경지각, 통제변인 중 건강과 진로기대로 나타났으며 모델의 설명력은 53.7%로 매우 높게 나타나고 있다.

군 생활 스트레스와 정서적 환경지각의 상호작용 변수를 포함하고 있는 모델에서는 군 생활 스트레스와 통제변인인 건강과 진로기대는 여전히 유의미한 변수이나, 정서적 환경지각은 군 생활 적응에 전혀 영향을 미치지 않는 변수로 나타나고 있다. 또한 기본 모델과 비교할 때 모델 [2]의 설명력은 55.5%로 1.8% 상승하였음을 알 수 있다. 따라서 군 생활 스트레스와 정서적 환경지각 전체의 상호작용 변수가 통계적으로 유의미하게 군 생활 적응에 영향을 미치고 있음을 알 수 있었다. 따라서 군 생활 스트레스는 군 생활 적응에 직접적인 부적 영향을 미치지만 정서적 환경지각의 상호작용 효과에 의하여 정적인 영향을 미칠 수 있음을 알게 해준다.

이러한 결과는 정서적 환경지각이 높을수록 군 생활 스트레스가 군 생활 적응도에 미치는 부정적 영향을 완충할 것이라는 연구가설과 일치한다.

다. 군 생활 적응에 신세대 가치관(개인주의/평등주의)과 정서적 환경 지각의 상호작용 효과에 관한 가설 검증

신세대 가치관 중 개인주의 가치관과 정서적 환경지각과의 관계를 먼저 살펴보면 상호작용 변수가 포함되지 않고 개인주의 가치관과 정서적 환경지각 변수로 구성된 모델 [1]

은 개인주의 가치관. 정서적 환경지각, 통제변인 중 건강, 진로기대가 유의미한 변수로 채택되었고 그 설명력은 52.6%로 매우 높게 나타나고 있다. 개인주의 가치관과 정서적 환경지각 전체의 상호작용 변수를 포함한 모델 [2]는 개인주의 가치관, 통제변수 중 건강과 진로기대는 여전히 유의미한 변수이나, 정서적 환경지각 전체는 군 생활 적응에 영향을 미치지 않는 것으로 조사되었다. 그 설명력을 보면 53.2%로 모델 [1]보다 0.6%만큼 상승하여 개인주의 가치관과 정서적 환경지각 전체의 상호작용 변수가 군 생활 적응에 영향을 주는 변수임을 알 수 있게 해준다. 따라서 개인주의 가치관은 군 생활 적응에 직접적인 부적영향을 미치지만 정서적 환경지각 전체와의 상호작용 효과에 의하여 정적인 영향을 미칠 수 있음을 알게 해준다. 따라서 정서적 환경지각이 높을수록 신세대의 개인주의 가치관이 군 생활 적응도에 미치는 부정적 영향을 조절할 것이라는 가설은 지지되었다.

다음은 신세대 가치관 중 평등주의가치관과 군 생활 적응에 영향을 미치는 정서적 환경지각 전체의 상호작용 효과를 분석해본 결과는 상호작용 변수가 포함되지 않고 평등주의 가치관과 정서적 환경지각 전체 변수로 구성된 모델 [1]은 평등주의 가치관. 정서적 환경지각 전체, 통제변인 중 건강, 진로기대가 유의미한 변수로 채택되었고 그 설명력은 53.1%로 매우 높게 나타나고 있다. 평등주의 가치관과 정서적 환경지각 전체의 상호작용 변수를 포함한 모델 [2]는 평등주의 가치관, 통제변수 중 건강과 진로기대는 여전히 유의미한 변수이나, 정서적 환경지각은 군 생활 적응에 영향을 미치지 않는 것으로 조사되었다. 그 설명력을 보면 53.4%로 모델 [1]보다 0.3%만큼 상승하여 평등주의 가치관과 정서적 환경지각 전체의 상호작용 변수가 군 생활 적응에 영향을 주는 변수임을 알 수 있게 해준다. 따라서 평등주의 가치관은 군 생활 적응에 직접적인 부적영향을 미치지만 정서적 환경지각 전체와의 상호작용 효과에 의하여 정적인 영향을 미칠 수 있음을 알게 해준다. 따라서 정서적 환경지각이 높을수록 신세대의 평등주의 가치관이 군 생활 적응도에 미치는 부정적 영향을 조절할 것이라는 가설은 지지되었다.

개인주의 가치관 및 평등주의 가치관과 정서적 환경지각의 상호작용 변인이 동시에 군 생활 적응에 미치는 결과를 분석해본 결과 상호작용 항이 포함되지 않은 기본모델 [1]에서는 평등주의 가치관, 정서적 환경지각, 통제변인 중 건강, 진로기대가 유의미한 변수로 채택되었고 그 설명력은 53%로 매우 높게 나타나고 있다. 이러한 결과는 건강상태가 좋고, 진로기대가 희망적이며, 정서적 환경지각이 높고, 평등주의 가치관이 낮을수록 군 생활 적응을 잘 할 수 있음을 제시해준다. 개인주의 가치관 및 평등주의 가치관과 정서적 환경지각의 상호작용 변수를 동시에 포함한 모델 [2]는 통제변수 중 건강과 진로기대는 여전히 유의미한 변수이나, 모델 [1]에서 유의미했던 평등주의 가치관, 정서적 환경지각 변인은 유의미하지 않은 변수로 나타났으며 모델 [1]에서 유의미하지 않았던 개인주의 가치관은 유의미하게 나타났다. 또 개인주의 가치관과 정서적 환경지각의 상호작용 변인이 유의미한 변수로 나타났다. 그 설명력을 보면 53.8%로 모델 [1]보다 0.8%만큼 상승하여 개인주의 가치관과 정서적 환경지각 전체의 상호작용 변수가 군 생활 적응에 영향을 주는 변수임을 알 수 있게 해준다.

라. 군 생활 적응. 신세대 가치관(개인주의/평등주의), 정서적 환경지각 전체 모델 검증

최종적으로 군 생활 스트레스, 개인주의 가치관, 평등주의 가치관, 정서적 환경지각의 전체변인들을 동시 투입하여 군 생활 적응과의 상호작용을 살펴본 결과 군 생활 적응에 유의미한 영향을 미치는 변수는 군 생활 스트레스, 평등주의 가치관, 정서적 환경지각, 통제변수 중 건강, 진로기대이었고 모델의 전체 설명력은 54.4%이었다. 군 생활 스트레스만 투입된 모델의 설명력 29.2%보다 25.2% 상승했고, 개인주의/평등주의 가치관이 투입된 모델의 설명력 29.5%에 비해 24.9% 상승하였으며, 정서적 환경지각이 투입된 모델의 설명력 51.9%에 비해 2.5% 상승한 것이다.

군 생활 스트레스, 개인주의 가치관, 평등주의 가치관과 정서적 환경 지각과의 상호작용 항 전체를 동시 투입하여 군 생활 적응에의 영향력을 살펴본 결과 군 생활 스트레스와 군 생활 스트레스와 정서적 환경지각의 상호작용 변수, 통제변인 중 건강과 진로기대가 통계적으로 유의미한 수준에서 군 생활 적응에 정적 영향이 있음을 알 수 있었다. 기본모델과 비교하여 설명력은 56.1%로 1.7%증가 하였다.

B. 함 의

본 연구의 함의는 이론적, 임상적, 정책적 함의로 나누어 살펴보고자 한다.

1. 이론적 함의

본 연구의 이론적 함의를 살펴보면 다음과 같다.

첫째. 본 연구는 신세대 병사들의 정서적 환경지각이 군생활 적응에 미치는 영향력을 검증함으로서 정서적 환경지각의 중요성을 입증하였다. 우리나라 군부대의 보안·기밀 누설금지 특성상 군대나 병사들에 관한 연구가 거의 없거나 그나마 병사들의 갈등, 스트레스, 적응, 복지상황 실태 등 현황파악에서 벗어나지 못하고 있는 군부대나 병사들의 연구방향에 큰 시사점을 줄 것이다.

둘째, 현재까지 적응에 관한 연구는 청소년들의 학교 적응, 장애인이나 환자, 그 가족들의 심리 사회적응 등에 국한되어 있었지만 이를 군부대의 병사들에 적용하여 연구함으로서 적응 연구의 의의를 확인하였고 또 스트레스를 완충하는 역할을 하는 것으로는 사회적 지지가 주류를 이루고 있는 가운데 정서적 환경지각에 적용하여 연구함으로서 정서적 환경지각의 효과를 확인하였다.

셋째, 부대의 정서적 환경과 신세대 병사들의 가치관, 군 생활 스트레스의 요소들이 병사들의 군 생활 적응 문제에 유의미한 영향을 미치고 있음을 확인할 수 있었다. 이것은 생태학적 관점에 따른 환경의 영향을 입증하는 것이며 군 조직 체계로 들어온 병사들이 현재의 군 생활환경을 어떻게 인지하느냐에 따라 군 생활 적응 수준이 변화할 수 있음을 실증적으로 보여주는 것이다.

넷째, 군 조직 체계 내에 있는 신세대 병사들의 군 생활 스트레스-정서적 환경지각-군 생활 적응과 신세대 가치관-정서적 환경지각-군 생활 적응의 일련의 과정을 실증적으로 확인함으로써 정서적 환경지각의 상호작용 변수 효과를 실증적인 분석으로 측정함으로써 그 영향력을 보다 구체적으로 확인하였다.

2. 임상적 함의

본 연구 결과가 사회복지 실천현장에서 임상적으로 기여할 수 있는 함의를 살펴보면, 다음과 같다.

첫째, 신세대 병사들의 군 생활 적응에 어려움을 가져오는 문제들은 부대 내적인 업무, 역할 등과 관련된 스트레스, 친구, 연인, 가족 등과의 이별로 인한 염려, 불안 등 정서 문제, 부대의 상사나 동료 등 인간관계 문제, 진로에 대한 고민 등으로 밝혀졌다. 하지만 부대의 특성상 기계적이고 엄격하며 긴장된 분위기 속에서 병사들의 이러한 고민을 자유롭게 해소할 수 있는 여건이 형성되지 않아 부적응 현상이 가속화될 수 있으므로 이들의 군 생활 적응을 촉진시키기 위해서는 병사 개개인에 대한 개별적인 상담 접근이 요구된다고 할 수 있다. 하지만 부대에서 이루어지는 상관들의 면접은 인간적인 상담이라기보다는 병사 개개인의 신원 파악 및 조사에 가까워 병사들의 이러한 욕구가 해소되지 않고 있다. 따라서 부대로 전문적인 민간인 상담원이 파견되어 이러한 일을 전담해야 한다고 본다. 병사들에 대한 설문조사에서도 민간상담원에 대한 욕구가 큰 것으로 밝혀졌다.

둘째, 신세대 병사의 정서적 환경지각이 군 생활 적응에 중요한 상호작용을 하는 결과로 미루어 볼 때, 부대의 정서적 환경에 대한 개입이 필요함을 알 수 있다. 즉 병사들의 군 생활 적응력 향상요인에 조직 분위기가 직·간접적인 영향을 미치며 구성원 간의 상호작용이 군 생활 적응력에 많은 영향을 미치는 것으로 나타났다. 따라서 동료들 간의 응집력 강화 및 지지와 칭찬 등을 제공할 수 있는 집단상담 개입이 필요하다고 본다. 또 서로 간의 정서적 환경지각의 하위요인들을 볼 때 신뢰성을 가장 낮게 인지하는 것으로 밝혀졌다. 이는 군 생활 내의 인간관계 중 동료들끼리의 관계보다 간부들과의 관계가 더 좋지 않음을 의미한다. 군대의 특성상 자신의 사적인 부분들에 대한 공개로 신상에 불리한 일이 있을까 두려워하는 것이며 이는 특히 간부들과의 관계에서 이러한 특징이 두드러졌다. 따라서 간부들과 병사들이 상호 신뢰할 수 있는 관계를 구축하기 위해서는 사병을 실질적으로 지휘 통솔하는 장교, 부사관들에게 면담 수준의 상담이 아닌 전문적 상담기술을 배양할 수 있는 프로그램을 제도화하고 이를 주기적으로 교육을 실시한다면 보다 많은 문제를 해결 할 수 있을 것으로 판단된다.

셋째, 군대 내에 지휘관 교육, 군종교육, 정훈교육 등을 담당하는 사람들이 청년기 심리에 대한 지식과 경험을 갖추고 군 생활을 통하여 건전하고 긍정적인 자아정체감을 형성하는데 도움을 줄 수 있는 효과적인 지도를 함으로써 부적응 행동을 예방해야 한다.

넷째, 군 생활 스트레스 분석 결과 직무 스트레스가 가장 높은 것으로 밝혀졌다. 이는 5개월 이하의 이병이 가장 직무 스트레스가 높고 근무년수가 오래될수록 이러한 현상은 조금씩 감소되는 것으로 나타났으며 직무가 미숙한 병사들은 병영 생활 내내 스트레스를 받고 이는 군 생활 적응을 떨어뜨리는 요소로 밝혀짐에 따라 신임 장병들을 위한 직무 교육이 필요한 것으로 밝혀졌다. 이보다 앞서 병사 개개인의 적성과 능력에 맞는 직무의 자발적인 선택이 요구된다고 보며 직무에 대한 체계적이고 지속적인 오리엔테이션과 교육·훈련이 필요할 것으로 생각된다.

다섯째, 신세대 병사들의 진로에 대한 기대가 절망적일수록 군 생활 스트레스가 큰 것으로 나타났다. 신세대 병사들의 연령상 진로는 매우 중요한 이슈이다. 병사들은 학교를 다니는 과정에서 휴학을 하고 입대를 하거나 취업이 되지 않아 입대를 한 경우가 대부분이어서 진로에 대한 준비는 제대로 되어 있지 않은 것으로 보인다. 하지만 군 생활에서 진로를 준비할 여건은 형성되어 있지 않은 것으로 나타났다. 진로를 준비할 개인적인 시간도 확보되어 있지 않고 외부 세계와의 단절로 진로에 대한 정보도 거의 전무하다고 할 수 있다. 따라서 사병들이 진로를 준비할 수 있는 개인적인 시간의 확보, 직업 훈련 및 교육, 정보 제공, 자격증 취득 여건의 보장과 지원이 필요할 것으로 사려 된다. 또한 제대가 가까워진 병사들에게는 보다 구체적인 진로에 대한 준비 및 지원이 필요할 것으로 보인다.

여섯째, 신세대 병사들의 가치관 성향 중 개인주의 성향이 강한 것으로 볼 때 이들의 개인적인 시간이나 공간의 확보가 필요하다고 생각된다. 군 생활의 정규적인 일과가 끝난 후에 개인적인 시간과 공간을 보장하여 이들이 개인적인 공부나 휴식, 취미 생활 등을 할 수 있도록 하는 것이 필요하다고 사려 된다. 또 군대 조직의 효율성을 높이기 위하여 비록 업무수행 과정상 지루할지라도 효율성을 높이기 위하여 개인별로 분업화·전문화되어야 하고, 이들 상호 간의 역할 관계가 공식화되어야 한다고 본다.

3. 정책적 함의

　본 연구에서의 정책적 함의를 살펴보면, 다음과 같다.
　우리나라는 아직 군 사회복지가 이루어지지 않고 있는 실정이다. 군 사회복지의 필요성은 다음과 같이 나타낼 수 있다. 군대라는 사회의 경직되고 획일적인 상명하복(上命下服) 분위기는 자유분방하고 개인－평등주의 성향이 강한 신세대적 사고방식과 맞지 않는다. 이러한 갑작스런 환경의 변화는 생활의 스트레스를 가져오고 군 생활 부적응을 초래한다. 이러한 문제를 해결하기 위해 군 사회복지는 큰 도움이 될 수 있을 것이다. 또 병사들의 연령상 청년기의 가치관의 혼란과 심리적, 육체적인 갈등, 진로에 대한 정보부족 및 혼란은 갑작스런 일탈과 사고를 일으킬 수 있다. 이를 위하여 개인적인 문제들을 효율적으로 상담하고. 군 생활 중 여가 시간을 이용해 집단 프로그램을 이용하여 여러 정신적인 문제를 해결할 수 있는 전문화된 군 사회복지 서비스가 필요할 것이다. 한편 군 생활 중 일탈행위로 인해 영창에 감금되어 있는 사병들의 인권문제나 군 생활복귀, 가정문제나 군대 밖의 인간관계 문제로 군 생활에 지장을 받는 사병들의 심리적 갈등에 대한 상담 등등 여러 프로그램에 이용될 수 있다. 현재 우리나라는 처해 있는 입장으로 보아 징병제가 모병제로 바뀔 수 없고 막대한 국방비 또한 줄일 수 없으므로 국가 차원에서 효과성과 효율성을 무엇보다 중요하게 생각할 수 있으며 국민의 의무라 생각하고 징집되어 온 청년들에게 인간적인 복지서비스가 무엇보다

중요하다고 할 수 있으며 군 사회사업은 군 조직에서 볼 때 적은 비용을 들여 군 내 여러 일탈을 막고 병사들의 군 생활 적응을 가지고 올 수 있을 것이라 기대된다. 구체적인 방안으로는 군 장교를 양성하는 사관학교와 그 밖의 교육 기관에서 상담학이나 사회복지학을 필수과목으로 교육시켜 모든 장교들에게 사회복지학에 대한 기초지식과 경험을 늘릴 기회를 주어야 한다. 그리고 군 내에서 사회복지학을 전공한 재학생을 활용하거나 대학원 이상의 경험 있는 전문인을 남녀 구분 없이 석사장교로 뽑아 군인의 신분으로서 활용기회를 주어, 그 역할을 전문적으로 수행 할 수 있는 공식적인 지위를 인정해 주어야 한다. 또 민간 사회사업가 상담원을 따로 채용하여 군 내 전문직종으로 마련하도록 하며 그것 또한 시행하기 어렵다면 전문적인 민간 사회복지기관과 연계하여 상담원이나 사회복지사가 파견 근무할 수 있도록 할 수 있을 것이다. 위의 모든 것들이 이루어지기 위해서는 정확한 질적, 양적 조사로 병사들의 군대 사회복지 욕구의사가 반영될 수 있도록 하는 것이 바람직하다고 생각된다.

C. 연구의 한계 및 제언

1. 연구의 한계

본 연구에서의 한계는 다음과 같다.

첫째, 연구방법상의 한계로서 횡단연구방법을 사용함으로서, 군 생활 스트레스, 신세대 가치관 및 정서적 환경지각이 군 생활 적응에 미치는 영향을 설명하는데 시간적으로 선행하는 전후관계를 확인하지 못했다는 점이다. 즉, 군 생활 스트레스나 신세대 가치관, 정서적 환경지각의 원인 또는 결과로서의 주요 연구변수들과의 인과관계를 판단하기가 어렵다는 횡단연구의 한계를 지니고 있다. 또 질적인 연구를 병행하는 것이 연구 결과의 일반화에 더 설득력이 있을 것이다.

둘째, 신세대 병사들을 표집하는 과정에서의 한계점을 갖고 있다. 연구 설계에서는 계통적 표집방법으로 표본을 선정하고자 하였지만, 조사단계에서 군부대의 보안·기밀누설 금지 여건상 설문조사 거부로 인해 편의 표집하였으며 따라서 결과를 일반화하는데 어려움이 있다.

2. 후속연구를 위한 제언

본 연구 결과 연구자가 설정하였던 가설들이 지지되었으나, 연구내용 속에 적절하게 다루어내지 못한 부분들은 한계로 남길 수밖에 없다. 본 연구는 신세대 장병들의 대한

연구의 시작이므로 본 연구의 한계를 극복하기 위한 후속
연구를 제언하면 다음과 같다.

첫째, 후속 연구에서는 직업군인집단과의 비교 연구가 요
구된다고 하겠다.

둘째, 신세대 병사들의 적응 발달과정에 대한 포괄적인
접근을 위해서 충분한 질적 자료의 병행과 더불어 종단적
인 연구도 수행되어야 할 것이다.

셋째, 후속연구에서는 다양한 부대 환경을 포괄하기 위해
서 부대가 위치한 지역적 특성과 부대의 특성을 모두 포괄
할 수 있는 표집이 이루어져야 할 것이다.

넷째, 후속연구에서는 부대 장병용 스트레스 척도 및 직
업 군인용 스트레스 척도가 개발되어야 할 것이다.

다섯째, 본 연구에서 활용된 군 생활 적응과정에서 스트
레스나 개인주의 가치관의 완충 역할을 정서적 환경지각
요소 외에도 다양한 완충역할에 대한 탐색연구가 있어야
할 것이다.

여섯째, 차후 연구에서는 부대적응의 하위요소들을 다차
원적으로 측정하고 군 생활 적응의 차이를 가져오는 보다
다양한 변인들의 영향에 대해 연구할 필요가 있을 것이다.

참고문헌

국내문헌

권태일(2001). 신세대 병사의 복지 향상방안 연구. 대전대학교 대학원 석사학위 논문.

김기연(2001). 한국인의 세대별 가치관에 따른 생활행동. 이화여자대학교 대학원 석사학위 논문.

김명중(2000). 신세대 사병의 군인정신에 관한 연구. 수원대학교 석사학위 논문.

김명훈(1975). 리더십론, 박영사.

김성경(2001). 그룹 홈 거주 청소년의 심리사회적 적응에 관한 연구. 이화여자대학교 대학원 박사학위 논문.

김성이 · 채구묵(1997). 욕구조사론. 아시아 미디어 리서치.

김인숙(1995). 도시빈곤가족 여성의 심리적 디스트레스와 사회 스트레스 모델의 유용성. 사회복지연구.

김일수(1995). 육군 위관장교의 직무스트레스에 관한 실증적 연구. 국방대학원 석사학위 논문.

김중섭(1985). 사기의 효과성 제고 방안에 관한 연구. 군사평론 제252호, 육군대학, 95-96.

김정희 역(1991). 스트레스와 평가 그리고 대처. R. S. Razarus & Folkman, 서울. 대광문화사.

김재경(2000). 회사 내 조직분위기가 직무에 미치는 영향에 관한 연구 서강대학교 대학원 석사학위 논문.

김주영(1999). 병사들의 스트레스와 자살 생각에 대한 연구. 서울신학대학교 사회복지대학원 석사학위 논문.

김진걸(2001). 육군 병사의 사기 영향요인에 관한 연구. 고려대학교 경영정보대학원 석사학위 논문.

김혜영(2000). 초기 청소년이 지각한 부모양육행동이 심리사회적 부적응에 미치는 영향 연구. 이화여자대학교 대학원 박사학위 논문.

김형권(2000). 상근예비역들의 군 생활 적응도에 관한 연구. 성균관대학교 행정대학원 석사학위 논문.

김헌수(1998). 신세대사병의 사기에 영향을 미치는 요인에 관한 연구-운송병과 사병을 중심으로-정신전력연구, 520호.

김현주(1995). 사병의 군 조직 적응 촉진방안: 군 교육제도를 중심으로(최종연구보고서). 안보학술론집, 6, 2 p.355-437.

대한민국 국방부(1995). 군개혁추진위원회.

도상금, 최진영(2003). 외상경험 및 우울과 자서전적 기억의 일반화 경향성. 한국심리학회지, 22호 pp.321-341.

박덕규(1992), "사회 환경 변화와 병사 정신교육 방향". 국방정신교육원, p.21.

박은락(2001). 신세대 장병들의 가치관과 역사교육, 한양대학교 교육대학원 석사학위 논문.

박현선(1998). 빈곤청소년의 위험 및 보호요소가 학교 적응유연성에 미치는 영향. 사회복지 연구, 제11호. 1998. 여름.

박현선(1999). 심리사회적 학교환경이 빈곤청소년의 학교적응에 미치는 영향. 한국학교사회사업, 한국학교사회사업학회지. 1999 제2호.

박현철(2001). 군인의 삶의 질 향상에 관한 연구-스트레스 원, 사회적 지지를 중심으로-연세대학교 대학원 석사학위 논문.

배강우(1999). 신세대 장병의 군 의식에 관한 연구. 성균관대학교 행정대학원 석사학위 논문.

서병민(1997). 직업군인의 스트레스 정도와 유발요인에 관한 연구. 중앙대학교 사회개발대학원, 석사학위 논문.

손희락(2000). 신세대 장병의 스트레스가 부대 적응도에 미치는 영향에 관한 연구. 연세대학교 관리과학대학원 석사학위논문.

송자경(2003). 간질아동과 가족의 적응에 관한 연구-가족통정감과 가족강인성을 중심으로-이화여자대학교 대학원 박사학위논문.

신유근(1985). 조직행위론. 서울, 다산출판사.

신언필(1999). 신세대 장병의 가치관에 따른 군 리더십 적용 방안 연구. 대전대학교 경영행정대학원 석사학위 논문.

신태수(1981). 군대조직 구성원의 자아정체감과 군대생활에의 적응과의 연계연구. 연세대학교 대학원 석사학위 논문.

심덕규(1998). 신세대 병사의 갈등관리 방안에 관한 연구. 동국대학교 행정대학원 석사학위 논문.

이미선(2000). 해외입양인의 심리 사회적응에 영향을 미치는 요인에 관한 연구. 서울여자 대학교 대학원 박사학위논문.

이번성(1995). 신세대 의식성향과 연계된 정신교육 방안 연구. 정신전력 연구, 국방정신교육원, pp.14-15.

이소래(1997). 『남한이주 북한이탈주민의 문화적응 스트레스에
    관한 연구』 이화여자대학교 대학원 석사학위 논문

이영호(1993). 귀인양식, 생활사건, 사건귀인 및 무망감과 우울
    의 관계: 공변량 구조모형을 통한 분석. 서울대학교 대
    학원 박사학위논문.

이윤수(2000). 군 생활 내 의사소통 증진을 위한 군 사회사업 필
    요성. 부산대학교 일반대학원 행정학석사 학위논문.

이윤희(1963). 군대생활의 적응. 서울대학교 행정대학원 석사
    학위논문.

이은상(2003). 정서표현갈등, 사회적 지지지각, 대처방식, 그리
    고 우울 및 불안과의 관계. 가톨릭대학교 대학원 석사학
    위 논문.

이인재·이선우·류진석(1997). 사회복지 통계. 나남출판.

이정우·박은아(2000) 신세대 기혼여성의 가치성향, 가정관리
    행동 및 가정 생활만족도, 아세아여성연구.

이종호(1996). 군 조직에서의 신입원의 적응에 대한 연구. 한국
    과학기술원 석사학위 논문.

이중한(1994), 신세대와 국제화 시대의 청소년의 위상. 한국청
    소년 개발원.

임전옥(2003). 정서인식의 명확성, 정서조절양식과 심리적 안녕
    의 관계. 가톨릭대학교 대학원 석사학위 논문.

임창희(1995). 조직행동. 서울, 학현사.

정민화(1998). 신세대 현역 병사들의 군 생활 적응력 향상요인에
    관한 연구. 충남대학교 행정대학원 석사학위 논문.

진석범(2000). 군 장병들의 스트레스 요인과 정신건강에 관한 연

구. 가톨릭대학교 사회복지대학원 석사학위 논문.

최건용(1999). 신세대 장병의 병영생활 적응을 위한 발전방안. 한남대학교 경영대학원 석사학위 논문.

최문구(1999). 신세대 병사의 직무만족에 관한 연구-직무특성 및 개인가치를 중심으로-고려대학교 대학원 석사학위 논문.

최영윤 (1996) "자살 예방 인격지도 교안" 「'96 인격지도 교관 경시대화 자료」 p.7.

한인영(2000). 군 사회복지사 도입의 필요성 고찰-미국의 군 사회복지사 활동 내용을 중심으로-국방정책연구, 2000년(가을).

한인영(1999). 군인의 정신건강문제와 군 사회사업실천의 필요성. 한국정신보건사회사업학회지. 제8집.

홍강표(2001). 『병사들의 자원봉사활동 참여 동기와 만족도가 군 생활 적응에 미치는 영향에 관한 연구-대전. 충북지역 공군 병사들을 중심으로』 목원대학교 산업정보대학원 석사학위 논문.

홍세희(2000) 구조방정식 모형의 기초. 워크샵 교재. Department of Education and Psychology. University of California, Santa Babara.

황용주(2000). 『신세대 병영 생활에 부합된 효율적인 리더십 연구』 부산대학교 경영대학원 중소기업학과 석사학위 논문.

Bowen & Gray L & Martin, James A(2001). *Civic Engagement and Community in the Military*, Journal of Community

Practice, 2001, 9, 2, 71–93.

Bowen, Gary L & Mancini, Jay A & Martin, James a(2003). *Promoting the Adaptation of Military Families: an Empirical test of a community practice Model.* Family Relations, 52, 1: 33–44.

Bray & Robert M & Camlin & Carol S & Fairbank, John A(2001). *The Effects of Stress on Job Functioning of Military Men and Women,* Armed Forces & Society, 2001, 27, 3, spring, 397–417.

B. Schneider, D. J. Hall(1972). *Toward Specifying the Concept of Work Climate: A Study of Roman Catholic Diocesan Priest,* Journal of Applied Psychology, vol.56, pp.447–455.

de Silva & Harendra & Hobbs, Chris & Hanks(2001). *Conscription of Children in Armed Conflict–A Form of Child Abuse. A Study of 19 Former Child Sol– diers,* Child Abuse Review, 10, 2, Mar–Apr, 125–134.

E. R. Worthington(1976). Adjustment Behavior, Prior to, During, and After Army Service, Paper Presented at the Annual Meeting of the American Psychological Association, 84th, Washington, D. C., September.

Harrington, Donna & Bean, nadine(2001). *job Satisfaction and Burnout: Predictors of Intentions to Leave a Job on a military Setting,* Administration in Social Work, 2001, 25, 3, 1–16.

Hough, Edyth S & Brumitt, Gail & Templin, Thomas & Saltz, Eli & Mood, Darlene(2003). *Model of Mother– Child Coping and Adjustment to HIV,* Social Science and

Medicine, 2003, 56, 3, Feb, 643-655.

H. R. Johnston(1976). *A new Conceptualization of Source of Organizational Climate* Administration Science Quarterly, Vol.21, March, 1976. p.95.

James G. Daley, PhD, ACSW Editor(2000). *Social Work Practice in the Military*, The Haworth Press, Inc.

J. M. Georgoulakis, (1977). "Social factors and perceived Problems as predictors in Basic Combat Traing", Western Kenturky Univ., Bowling Green, Cell. of Education.

Knox, Jo & Price, David H, (1999). *Total Force and New American Military Family: Implications for Social Work Practice*, Families in Sociaty, 80, 2: 128-136.

Litwin, G. H. & Stringer, R. A. (1968). *Motivation and Organization Climate, Boston; Division of Research*, Graduate School of Business Administration, Harvard Univ.

Lucas, M. A, 2001, *The Military Child Care Connection*, Future of Children, (2001). 11, 1, spring-summer, 129-133.

Nelson & Mary Suzanne, (2000). *A Stage Matched Physical Activity Intervention in Military Primary Care.* Dissertation Abstracrs Internationl, a: The Humanities and Social Sciences, 2000, 61, 4, Oct, 1615-A.

N. Guinn and Others, (1975). "Screening for Adaptability to Military Service,"Air Force Human Resources Lab., Lackland AFP. Tex. Personal Research Div.

Owens, Sharon, (2003). *African American Women Living with HIV/AIDS: Families as Sources of Support and of Stress.* Social Work, 2003, 48, 2, Apr, 163-171.

R. M. Guion, (1973). *A Note on Organizational Climate, Organizational Behavior and Human Performance,* vol.9, pp.120-123.

Ryan-Wenger & Nancy A, (2001). *Impact of the Threat of war on Children in Military Families,* American Journal of Orthosychiatry, 2001, 71, 2, Apr, 236- 244.

Seyle, H. (1984). *The stress of life.* N. Y. : McGraw-Hill, Inc.

Schuckit, M A & Kraft, Heidi Squier & Hurtado, Suzanne L(eds), (2001). *A Measure of the Intensity of Response to Alcohol in a Military Population,* The American Journal of Drug Abuse, 27, 4, Dec, 749- 757.

Villereal, Gray L & Dooley, John, (2001). *Reflecting on Forgiveness: Perspectives of Vietnam Veterans,* Reflections, 2001, 7, 2, summer, 4-11.

Van Breda & Adrian D. (2002). *The Heimler Scale of Social Functioning: A Partial Validation in South Africa,* 속 British Journal of Social Work, 32, 8: 1089-1101.

부록: 군 생활에 관한 설문

안녕하십니까?

계속되는 국토방위 임무 수행에 대단히 노고가 많으십니다.

이 설문은 여러분이 군 생활 중에 느끼신 이모저모에 대한 내용으로 구성됩니다.

각각의 질문은 특정한 정답이나 좋은 답이 있는 것이 아니므로, 여러분의 솔직한 생각을 적어주시면 됩니다. 또한 본 조사결과는 학문적인 연구 이외의 다른 목적으로는 사용되지 않으며, 무기명으로 응답하므로 개인적 비밀은 절대 보장됩니다.

여러분의 협조는 군부대의 사기진작이나 복지향상에 기여하기 위한 노력에 큰 도움이 될 것입니다.

협조해주셔서 감사합니다.

* 설문지 응답과 관련해서 문의사항이 있으시면 다음으로 연락 주십시오.

연락처: 019-383-1823

2004년 1월

이화여자대학교 사회복지학과 박사과정　　구 승 신

1. 귀하의 나이는? 만______세

2. 귀하의 복무기간은?

　① 5개월 이하 (　　) ② 6-10개월 (　　) ③ 11-15개월 (　　)

　④ 16-20개월 (　　) ⑤ 21개월 이상 (　　)

3. 귀하의 계급은?

　① 병장(　　) ② 상병 (　　) ③ 일병 (　　) ④ 이병 (　　)

4. 귀하의 병과는?

　① 전투병과 (　　) ② 기술병과 (　　)

　③ 행정병과 (　　) ④ 기타 (　　)

5. 귀하의 가족의 한달 평균 수입은 어느 정도 입니까?(세금공제 후)

　① 100만 원 미만 (　　) ② 100-150만 원 (　　)

　③ 150-200만 원 (　　) ④ 200만 원-300만 원 (　　)

　⑤ 300만 원 이상 (　　)

6. 귀하의 가정형편은 어떻습니까?

　① 아주 넉넉하다 (　　) ② 넉넉하다 (　　)

　③ 보통이다 (　　) ④ 어렵다 (　　)

　⑤ 아주 어렵다 (　　)

7. 귀하의 건강상태는?

　① 아주 건강하다. (　　) ② 건강하다 (　　)

　③ 보통이다 (　　) ④ 건강하지 않다. (　　)

　⑤ 아주 건강하지 않다. (　　)

8. 귀하는 앞으로의 진로에 대해 어떻게 생각하십니까?

   ① 매우 희망적이다. (   ) ② 비교적 희망적이다. (   )

   ③ 보통 (   ) ④ 절망적인 편이다. (   )

   ⑤ 매우 절망적이다. (   )

9. 현재 신상에 문제가 생겼거나 고민이 있을 때 대체로 누구와
   함께 나눕니까?

   ① 상관 (   ) ② 선임병 (   ) ③ 동료 (   )

   ④ 후임병 (   )⑤ 군대 밖 친구 (   )

   ⑥ 가족 (   ) ⑦ 혼자 고민한다. (   )

10. 군 조직 내에서 자신들의 고민을 털어놓을 수 있는 전문적인
    상담제도가 마련된다면 군 적응에 도움이 될 수 있다고 생각
    하십니까?

    ① 매우 도움이 된다. (   ) ② 비교적 도움이 된다. (   )

    ③ 보통 (   ) ④ 별로 도움이 안 된다. (   )

    ⑤ 전혀 도움이 안 된다. (   )

(정서적 환경지각)

* 다음은 귀하의 군 생활의 분위기에 관한 것입니다의 각 문항에
대하여 당신의 생각이나 느낌을 가장 잘 나타내고 있는 곳에 V
표 해주세요.

문 항	전혀 그렇지 않다	그렇지 않다	보통	그렇다	매우 그렇다
1. 소대원들은 서로 의좋게 생활하는 경향이 있다.					
2. 소대원들은 서로의 사적인 면에 관심이 있다.					
3. 우리 소대의 구성원 사이에 팀 정신이 높게 형성되어 있다.					
4. 우리 소대원들은 서로 돕기에 열심이다.					
5. 나는 소대원들과 많은 공통점을 가지고 있다.					
6. 나는 내가 은밀하게 우리 소대의 선임병사에게 말한 것에 대해 선임병사가 비밀을 유지하리라 고 믿는다.					
7. 소대의 선임병이나 간부들은 개인적으로 믿고 따를 만하다.					
8. 소대 선임병이나 간부들은 나와 비슷하게 생각하고 행동한다.					
9. 소대 선임병이나 간부들은 나에게 나쁜 충고를 주지 않을 것이다.					
10. 소대의 선임병이나 간부들은 소대원에게 신경을 많이 써준다.					
11. 나는 내가 도움이 필요할 때 우리 소대 선임병이나 간부들을 의지할 수 있다.					
12. 소대의 선임병이나 간부들은 내게 어려운 일이 있을 때 그 문제에 대해 이야기하기에 편안한 대상이다.					
13. 소대의 선임병이나 간부들은 나를 후원해주고 실수로부터 배울 수 있게 해준다.					
14. 소대원들은 서로 격려해 주는 편이다.					
15. 나에게 문제가 발생하면, 선임병이나 간부들은 나를 도울 것이다.					
16. 소대의 선임병이나 간부는 나의 장점이 무엇인지를 알고 그것을 나에게 말해준다.					
17. 소대의 선임병이나 간부는 소대원의 좋은 행동에 대해서는 즉시 칭찬한다.					
18. 우리 소대에서는 열심히 해도 인정받기가 쉽지 않다.					
19. 교육훈련이나 각종 경연대회에서 우수한 성적을 거주면 소대원들은 칭찬하고 축하해준다.					

(신세대 가치관 척도)

* 다음은 귀하의 가치관에 대한 설문입니다. 다음의 각 문항이 당신의 삶에 있어서 중요하다고 생각하는 정도에 따라 표시해 주시기 바랍니다.

문 항	전혀 그렇지 않다	그렇지 않다	보통	그렇다	매우 그렇다
1. 가족이 허락하지 않으면 내가 하고 싶은 일을 포기한다.					
2. 나(I)를 용어를 자주 사용한다.					
3. 사람은 혼자서 이상적으로 일을 완수하며 개인적으로 책임을 진다.					
4. 부부관계가 부모역할보다 더 우선이라 생각한다.					
5. 부부 간 각자의 소유에 대해서는 분명한 것이 좋다.					
6. 결혼을 하는데 가장 중요한 것은 사랑이므로 사랑을 지키기 위해 주변의 반대를 무릅쓸 수 있다.					
7. 사적인 관계에서는 직함보다 이름을 부르는 것이 더 자연스럽다.					
8. 다소 위험하더라도 미래의 가능성이 좋은 직종이 좋다.					
9. 직장에서 승진하기 위해서는 능력이 가장 중요하다.					
10. 아이들에게 하고 싶은 일을 하는 것보다는 의무를 다하는 것을 먼저 가르쳐야 한다.					
11. 우리 (We)라는 용어를 자주 사용한다.					
12. 사람은 집단으로 일을 더 잘 완수하며 책임도 함께 진다.					
13. 자식을 위하여 부모는 절대 이혼을 해서는 안 된다고 생각한다.					
14. 아들은 꼭 있어야 한다고 생각한다.					
15. 아는 사람끼리는 허물없이 지내지만 모르는 사람은 경계한다.					
16. 직함을 널리 사용하며 특히 조직 내의 지위를 확인해주는 직함(예: O사장, O박사, O교수)일 때는 더욱 그러하다.					
17. 안정된 삶을 보장해주는 직종이 좋다.					
18. 직장에서의 승진은 능력보다는 배경이나 성별에 따라 결정된다.					
19. 아이들에게 그들이 원하는 것을 해 나갈 수 있도록 가르치는 것이 가장 중요하다.					
20. 남이야 뭐라던 내 스타일대로 살 것이다.					

(군 생활 스트레스 척도)

* 다음은 귀하가 군 생활 중 느낀 정도를 표시하여 주십시오.

문 항	전혀 그렇지 않다	그렇지 않다	보통	그렇다	매우 그렇다
1. 일을 잘 했는지 못했는지 아무런 평가를 받지 못한다.					
2. 남보다 앞서 가기 위해서는 경쟁해야 한다.					
3. 가정문제를 나의 힘으로 다룰 수 없어 힘들다					
4. 지금 해야 하는 일은 이치에 맞지 않는다.					
5. 동료들이 나에게 별로 관심을 갖지 않는다.					
6. 부대에서 하찮은 실수로 매우 심각한 문제를 일으킬 수 있을 것 같다.					
7. 주위의 생활이 혼란스럽다.					
8. 이성친구 또는 가족문제로 고민이 많다.					
9. 집안일들이 흔히 나빠지기는 해도 좋아지지 않는다.					
10. 근무시간 이외에도 일 걱정을 한다.					
11. 아주 조심하지 않으면 사고나 실수가 일어나기 쉽다					
12. 나는 너무 많은 일을 해야만 한다.					
13. 부대에서 나의 신념과 반대되는 것을 해야만 한다.					
14. 집안 일이 끊이지 않는다.					
15. 나는 무엇을 해야 할지 잘 모르겠다.					
16. 가족이나 사랑하는 사람과 떨어져 살아야 한다.					
17. 동료들이 항상 나에게 트집을 잡는다.					
18. 부대 사람들은 내가 하는 것을 당연하게 여길 뿐 고마워하지 않는다.					
19. 정말로 걱정해 주어야 할 사람도 없거니와 걱정해주는 사람도 없다.					
20. 피로해도 쉴 수가 없다.					

(군 생활 적응 척도) * 귀하가 군 생활 중 느낀 정도를 표시하여 주십시오.

문　　항	전혀 그렇지 않다	그렇지 않다	보통	그렇다	매우 그렇다
1. 일반적으로 부대에서의 일상생활이 명랑하다.					
2. 일반적으로 부대 업무 외에 틈나는 시간은 나의 개인적 발전을 위하여 보람 있게 쓰려고 애쓴다.					
3. 요즈음 신체적 컨디션은 아주 좋다.					
4. 전투 시 조국을 위해 나는 행정병이나 노무자로보다 전투병으로 싸우고 싶다.					
5. 모든 면을 고려해 볼 때 국가가 위기에 처해 있다면 의무기간 이상이라도 복무 연장하겠다.					
6. 전투가 발발하면 즉시 참가하겠다.					
7. 전쟁이 일어나 다시 부대 배치를 받는다면 보다 전방 부대로 가고 싶다.					
8. 일반적으로 군대에서는 나의 능력을 발휘할 수 있는 기회가 아주 많다.					
9. 현재 나의 직책은 다른 직책에 비하여 매우 만족하다고 본다.					
10. 군대가 전투임무를 수행하는데 있어 나의 직책이 매우 중요하다고 본다.					
11. 군대에서는 내가 맡고 있는 일은 재미있다.					
12. 군대에서 내가 맡고 있는 일은 가치 있다.					
13. 만일 나에게 직책을 바꿀 수 있는 기회가 주어진다 해도 바꾸지 않겠다.					
14. 솔직히 말해서, 나는 군대에서 맡은 일에 최선을 다 한다고 본다.					
15. 일반적으로 모든 면에서 요즈음 군대는 매우 잘되어 간다고 본다.					
16. 대체적으로 나는 군대로부터 공정한 대우를 받는다고 본다.					
17. 작업, 훈련, 군무 시간 등이 내가 보기에 별로 중요치 않는 일에는 전혀 쓰이지 않는다고 본다.					
18. 우리 부대 훈련정도와 군기상태는 아주 훌륭하다고 본다.					
19. 임무수행 능력 면에서 볼 때 우리 부대 하사관 수준은 매우 우수하다.					
20. 중대 부사관들 중에서 전투 시 같이 편성되어 싸우고 싶은 하사관의 수는 많다.					
21. 우리 중대의 모든 장교들이 부하에게 개인적 관심을 가지고 있다.					
22. 우리 중대의 모든 장교들이 부하에게 한번 약속했던 일을 끝까지 실행한다.					
23. 현재 실시되고 있는 고참 순으로 진급하는 제도는 매우 좋은 제도라 생각한다.					
24. 군대가 사병복지를 위해 최선을 다하고 있다.					
25. 상관으로부터 부당한 명령이나 지시를 받았을 때도 나의 심정은 전혀 괴롭지 않았다.					
26. 제대할 때 나의 군대에 대한 인상은 아주 좋을 것이다.					

· 저자 ·

● 구승신(具承信)

학력
이화여자대학교 인문과학대학 사회복지학과 졸업
이화여자대학교 사회과학대학원 문학석사 (임상사회복지전공)
이화여자대학교 사회과학대학원 문학박사 (임상사회복지전공)

경력
인천광역시 청소년종합상담실 선임상담원
현 부산가톨릭대학교 사회복지학과 전임강사

연구논문
「척수장애인의 재활동기에 관한연구」
「인천청소년진로의식에 관한 연구」
「신세대병사의 군대적응에 관한 연구」

군 사병들의 정신건강과
군 사회복지 도입의 필요성

· 초판 인쇄	2005년 7월 5일
· 초판 발행	2005년 7월 10일
· 지 은 이	구승신
· 펴 낸 이	채종준
· 펴 낸 곳	한국학술정보㈜
	경기도 파주시 교하읍 문발리 526-2
	파주출판문화정보산업단지
	전화 031) 908-3181(대표) · 팩스 031) 908-3189
	홈페이지 http://www.kstudy.com
	e-mail(e-Book사업부) ebook@kstudy.com
· 등 록	제일산-115호(2000. 6. 19)
· 가 격	10,000원

ISBN 89-534-2530-1 93330 (Paper Book)
　　　 89-534-2531-X 98330 (e-Book)